中共北京市委经济技术开发区工作委员会宣传文化部
生物多样性调查成果丛书

亦城生态

——北京经济技术开发区的生态画卷

张渊媛　　白加德
钟震宇　　杨　峥　　著

中国环境出版集团·北京

图书在版编目（CIP）数据

亦城生态：北京经济技术开发区的生态画卷 / 张渊媛等著 . -- 北京：中国环境出版集团，2024.10.
（中共北京市委经济技术开发区工作委员会宣传文化部生物多样性调查成果丛书）. -- ISBN 978-7-5111-6051-5

Ⅰ. X321.271.3

中国国家版本馆 CIP 数据核字第 202468XF70 号

责任编辑　曹　玮
装帧设计　宋　瑞

出版发行　**中国环境出版集团**
　　　　　（100062　北京市东城区广渠门内大街 16 号）
　　　　　网　　址：http://www.cesp.com.cn
　　　　　电子邮箱：bjgl@cesp.com.cn
　　　　　联系电话：010-67112765（编辑管理部）
　　　　　发行热线：010-67125803，010-67113405（传真）
印　　刷　玖龙（天津）印刷有限公司
经　　销　各地新华书店
版　　次　2024 年 10 月第 1 版
印　　次　2024 年 10 月第 1 次印刷
开　　本　787×1092　1/32
印　　张　8
字　　数　200 千字
定　　价　118.00 元

《亦城生态——北京经济技术开发区的生态画卷》

编写组

主要编写人员　张渊媛　白加德　钟震宇　杨　峥

其他编写人员（按姓氏拼音排序）

陈　颀　陈　星　程志斌　段建彬　郭青云

洪士寓　侯朝炜　胡冀宁　靳　旭　李俊芳

李夷平　刘　佩　刘　田　吕志强　孟庆辉

单云芳　宋　苑　苏文龙　唐　怡　张晴晴

张树苗　张宇晨　赵晓燕

摄 影 作 者　于顺利　John Mackinnon　钟震宇　Terry Townshend

前　言

　　北京经济技术开发区又称北京经开区，于1992年开始建设，是北京市唯一一个国家级经济技术开发区。北京经开区自建设伊始，就将高质量发展与高水平保护紧密结合起来，经过30余年的建设与发展，城南的这片土地不仅拥有了最强的科技，也享有了最美的生态。

　　北京经开区有多样的生态系统类型，森林、灌丛、草地、湿地和农田贯穿于这个大系统之中。凉水河、新凤河、小龙河、凤港减河、通惠排干渠等构成了北京经开区的地表水系统，南海子湿地、麋鹿苑湿地、通明湖、旺兴湖等构成了北京经开区的城市湖泊系统。

　　北京经开区有许多优质的公园，大型生态公园有南海子公园、通明湖公园等；中大型城市公园有亦庄国际企业文化园、博大公园、旧宫城市森林公园和旺兴湖公园等；小型城市公园有亦庄新城滨河公园、海子墙公园、梧桐公园和亦新公园等；主题功能型公园有瀛海足球主题公园、安南湿地环保主题公园等；另外北京经开区还有许多小微街心公园，如中奥通宇公园等。多样的生态类型，优质多元的公园，为我们展开了一幅优美的生态画卷，使公众享受到了良好生态这个最普惠的民生福祉，本书的编写就是为了宣传北京经开区良好的生态内涵，激发市民对居住环境的关注，提高公众的生态保护意识。

本书主要包括四部分内容，即北京经开区概况，北京经开区的生态系统多样性，北京经开区的河流水系，北京经开区的主要公园和生态景观。此外，附录部分主要是北京经开区的生物物种名录，包括高等植物名录、主要观赏植物名录、鸟类名录、昆虫名录等。

本书主要由张渊媛、白加德、钟震宇和杨峥编写。本书在编写过程中得到中共北京市委经济技术开发区工作委员会宣传文化部领导的指导和支持，中国科学院植物研究所于顺利副研究员团队在野外调研工作中提供了科学指导，在此一并致谢。另外，除特别署名外，本书中植物图片主要由于顺利等拍摄，动物图片主要由钟震宇等拍摄。

本书可供生态保护工作的从业者参考，也可供关注生态保护的管理人员、学校师生、社会公众，以及媒体宣传等方面的人士阅读。

因作者水平有限，书中难免有错误和不妥之处，敬请广大读者批评指正。

编　者

北京麋鹿生态实验中心

北京南海子麋鹿苑博物馆

北京生物多样性保护研究中心

2024 年 3 月

目　录

1

北京经开区概况 /1

2

北京经开区的生态系统多样性 /9

3

北京经开区的河流水系 /73

4

北京经开区的主要公园和生态景观 /103

1

北京经开区概况

1.1 北京经开区简介

1.1.1 地理位置

北京经济技术开发区（简称北京经开区）位于北京市东南部，北临南五环，京沪高速穿区而过，距离首都机场 25 km，距离北京大兴国际机场 35 km，距离雄安新区 110 km，距离天津港 140 km，处在首都经济圈核心位置，是京津冀城市轴的支点。

1.1.2 历史沿革

北京经开区于 1992 年 4 月开工建设；1994 年 8 月，经国务院批准为国家级经济技术开发区；2002 年 8 月，经国务院批准扩区至 46.8 km²；2010 年，北京市委、市政府授权北京经开区统一开发和管理大兴区 12 km² 产业及配套用地，北京经开区实际管辖面积达到 59.6 km²；2019 年 1 月 26 日，北京市委、市政府决定调整北京经开区管理体制，由北京经开区统一规划和开发建设亦庄新城，规划面积 225 km²（图 1-1）。

图 1-1 北京经开区景观

1.1.3　行政区划

2019 年，北京市人民政府批复最新的《亦庄新城规划（国土空间规划）（2017—2035 年）》，明确指出要努力承接首都功能，把亦庄新城建设成为没有"大城市病"的低密度绿色城区。亦庄新城规划范围包括现阶段北京经开区范围、综合配套服务区（旧宫镇、瀛海地区、亦庄地区）、台湖高端总部基地、光机电一体化基地、马驹桥镇区、物流基地、金桥科技产业基地和两块预留地，以及长子营、青云店、采育产业园，其中现阶段北京经开区面积约 66 km^2（功能区范围约 60 km^2），区外大兴部分面积约 83 km^2，区外通州部分面积约 76 km^2。

1.1.4　生态发展

北京经开区持续加大生态投入，累计建成大型公园绿地项目6 个，占地 8.6 km^2，区域绿地覆盖率达 32%。凉水河北京经开区段成为华北地区唯一一代表获得全国首批"示范河湖"称号。北京经开区规划绿道全长共 108 km，建成北京市首批慢行系统示范区，公园绿地 500 m 服务半径覆盖率达 96%，人均公园绿地面积 28 m^2，是北京市平均水平的 1.5 倍。北京经开区成为全国唯一加入"无废城市"建设试点的国家级开发区，还建成了北京市首个"碳中和"园区（金风科技亦庄智慧园区），实现碳减排 1.5 万 t，$PM_{2.5}$ 下降至 30 $\mu g/m^3$，达到历史最好水平。[1]

---

1 北京经济技术开发区介绍 . 引用日期：2024 年 2 月 23 日 . https://kfqgw.beijing.gov.cn/。

1.2　北京经开区的物种多样性

为深入贯彻落实科学发展观，认真践行"绿水青山就是金山银山"理念，统筹生物多样性保护与经济社会发展，系统评估和判断北京经开区历年产业发展和城市建设对生态环境的影响，提高公众生态保护与参与意识，北京经开区于2021年5月22日（国际生物多样性日）启动了全区的生物多样性调研工作。调研重点为北京经开区域内的生态系统多样性和物种多样性。此项调研将促进北京经开区建成经济发展与生态保护协调并进、人与自然和谐共生的美丽"公园新城"，用生态文明建设推动地区高质量发展。

本节主要概述物种多样性部分的调研结果，生态系统多样性部分将在其他章节介绍。

1.2.1　植物物种多样性

北京经开区有较为丰富的植物多样性，共有维管束植物98科350属581种，其中蕨类植物2科2属2种，裸子植物5科9属17种，被子植物91科339属562种，约占北京市维管束植物物种总数的27.1%。其中，国家级保护植物有6种，包括国家一级保护植物2种，即银杏（*Ginkgo biloba*）与水杉（*Metasequoia glyptostroboides*）；国家二级保护植物4种，即野大豆（*Glycine soja*）、莲（*Nelumbo nucifera*）、玫瑰（*Rosa rugosa*）、黄檗（*Phellodendron amurense*）。这6种国家级保护植物中只有野大豆是野生种。

北京经开区分布有北京市二级保护植物10种，即白杆（*Picea meyeri*）、青杆（*Picea wilsonii*）、华北落叶松（*Larix gmelinii* var. *principis-rupprechtii*）、青檀（*Pteroceltis tatarinowii*）、胡桃楸（*Juglans mandshurica*）、流苏树（*Chionanthus retusus*）、桔梗（*Platycodon grandiflorus*）、黑三棱（*Sparganium stoloniferum*）、白首乌（*Cynanchum bungei*）、花蔺（*Butomus umbellatus*）。

北京经开区的古树有豆科的国槐（*Styphnolobium japonicum*）和鼠李科的枣树（*Ziziphus jujuba*）2 种、9 个植株；名木有 1 种，即松科的白皮松（*Pinus bungeana*）。

在维管束植物中有外来植物 78 种，隶属 34 科 69 属，来源于美洲的种类最多。调查发现北京经开区的主要外来入侵植物有 25 种，隶属 12 科 18 属，其中菊科种类最多，其次是苋科、旋花科、大戟科等。

1.2.2　动物物种多样性

北京经开区共有哺乳动物 8 目 14 科 27 属 31 种，其中人工饲养动物 8 种；有国家一级保护动物 3 种：麋鹿（*Elaphurus davidianus*）、梅花鹿（*Cervus nippon*）和普氏野马（*Equus ferus*）；北京市二级保护动物 2 种。啮齿目动物的科数和种数最多。

截至 2024 年 12 月，北京经开区共记录鸟类 21 目 59 科 320 种，其中国家一级保护鸟类 12 种，国家二级保护鸟类 54 种，北京市重点保护鸟类 124 种。其中，雀形目 30 科 147 种，占比最高；鸽形目次之。与 2022 年本底调查相比，新增北长尾山雀（*Aegithalos caudatus*）、红交嘴雀（*Loxia curvirostra*）、白尾海雕（*Haliaeetus albicilla*）、赤腹鹰（*Accipiter soloensis*）、淡色崖沙燕（*Riparia diluta*）、发冠卷尾（*Dicrurus hottentottus*）、北朱雀（*Carpodacus roseus*）、

草地鹨（*Anthus pratensis*）、蒙古百灵（*Melanocorypha mongolica*）、角百灵（*Eremophila alpestris*）、亚洲短趾百灵（*Alaudala cheleensis*）、蒙古银鸥（*Larus mongolicus*）、白头鹀（*Emberiza leucocephalos*）、栗耳鹀（*Emberiza fucata*）、长尾雀（*Carpodacus sibiricus*）等 15 种新记录。

北京经开区共有鱼类 3 目 7 科 21 属 23 种，鲤形目有 2 科 16 种，鲈形目有 3 科 5 种，鲇形目有 2 科 2 种。其中鲤科的种类数量最多。

北京经开区两栖爬行动物共有 3 目 8 科 11 属 13 种，其中两栖类有 1 目 3 科 4 属 5 种，爬行类有 2 目 5 科 7 属 8 种，在这 13 个种中，广布种占 45.5%。

北京经开区共发现昆虫纲 9 目 96 科 286 种，其中鳞翅目的科数和种数最多，其次为鞘翅目、双翅目、半翅目等。

1.2.3　微生物物种多样性

调查中共采集 456 个北京经开区地表土壤微生物样品，涉及 152 个调查样点，其中工厂环境 44 处样点、社区环境 22 处样点、公园绿地环境 86 处样点，涵盖林地、湿地、农田、街道住宅区、草地等生境类型。

在样品采集过程中，使用无扰动土壤采集器，采集地表 10 cm 内的土壤，使用无菌细胞铲将土壤收集至无菌离心管。土壤样本在野外采集并编号后，当天存入超低温冰箱进行保存。后续通过

DNA 抽提、聚合酶链式反应（PCR）扩增、荧光定量、Miseq[1] 文库构建、Miseq 测序以及生物信息分析，确定土壤微生物（细菌）种类和数量。

在北京经开区共调查到细菌 4 077 种，分属 59 门 190 纲 468 目 803 科 1 771 属；真菌 2 107 种，分属 16 门 64 纲 160 目 398 科 1 055 属。

---

1 为美国 illumina 公司的一款基因测序仪。

2

北京经开区的
生态系统多样性

实地调查显示，北京经开区生态系统类型多样，包括森林生态系统、灌丛生态系统、草地生态系统、湿地生态系统、农田生态系统、城镇生态系统及其他系统。多样的生态系统不仅可以提供食物、纤维、淡水、医药及其他工农业生产原料，也可以提供多样的生态系统服务，包括支撑与维持区域生命支持系统，调节气候，维持大气化学的平衡与稳定，促进营养元素循环和环境净化等。

2.1 森林生态系统

2.1.1 森林生态系统的主要林型和树种

根据遥感卫片解译，北京经开区森林生态系统面积为5 380.99 hm^2，占本区总面积的 23.85%，主要分布于各公园的绿地以及街道旁的绿地。

北京经开区的森林生态系统全部由人工林构成，主要类型是人工针阔混交林，其次为人工落叶阔叶混交林。另外，还有以落叶阔叶树种为建群种的纯林，如槐（*Styphnolobium japonicum*）林、刺槐（*Robinia pseudoacacia*）林、旱柳（*Salix matsudana*）林、毛泡桐（*Paulownia tomentosa*）林、白蜡树（*Fraxinus chinensis*）林、栾树（*Koelreuteria paniculata*）林等；小面积的常绿针叶林，如侧柏（*Platycladus orientalis*）林、圆柏（*Sabina chinensis*）林、油松（*Pinus tabulaeformis*）林等；落叶针叶林，如银杏（*Ginkgo biloba*）林等（图 2-1）。

槐 *Styphnolobium japonicum*	刺槐 *Robinia pseudoacacia*	毛泡桐 *Paulownia tomentosa*	白蜡树 *Fraxinus chinensis*
	旱柳 *Salix matsudana*		
栾树 *Koelreuteria paniculata*	侧柏 *Platycladus orientalis*	圆柏 *Sabina chinensis*	
油松 *Pinus tabulaeformis*	银杏 *Ginkgo biloba*		

图 2-1 森林生态系统的主要树种（于顺利／摄）

2.1.2 森林生态系统中的主要野生动物

北京经开区的森林生态系统中分布有多种昆虫，如皱背肖叶甲（*Abiromorphus anceyi*）、褐足角胸肖叶甲（*Basilpta fulvipes*）、中华萝藦叶甲（*Chrysochus chinensis*）、异色瓢虫（*Harmonia axyridis*）、马铃薯瓢虫（*Henosepilachna vigintioctomaculata*）、十三星瓢虫（*Hippodamia tredecimpunctata*）、龟纹瓢虫（*Propylea japonica*）、十二斑褐菌瓢虫（*Vibidia duodecimguttata*）、美国白蛾（*Hyphantria cunea*）、七星瓢虫（*Coccinella septempunctata*）、红蜻蜓（*Trithemis kirbyi*）、棉铃虫（*Helicoverpa armigera*）、蟪蛄（*Platypleura kaempferi*）、粘虫（*Mythimna separata*）、白尾灰蜻（*Orthetrum albistylum*）等（见图 2-2）。

异色瓢虫
Harmonia axyridis

龟纹瓢虫
Propylaea japonica

十二斑褐菌瓢虫 *Vibidia duodecimguttata*	美国白蛾(雌性成虫) *Hyphantria cunea*	七星瓢虫 *Coccinella* *septempunctata*	红蜻蜓(成虫) *Trithemis kirbyi*
	美国白蛾(雄性成虫) *Hyphantria cunea*		
棉铃虫(幼虫) *Helicoverpa armigera*	蟪蛄(成虫) *Platypleura kaempferi*		粘虫(成虫) *Mythimna separata*
棉铃虫(成虫) *Helicoverpa armigera*	白尾灰蜻(成虫) *Orthetrum albistylum*		

图 2-2　森林生态系统中的主要昆虫

北京经开区森林生态系统中分布的鸟类主要有大鹰鹃（*Hierococcyx sparverioides*）、四声杜鹃（*Cuculus micropterus*）、大杜鹃（*Cuculus canorus*）、黄斑苇鳽（*Ixobrychus sinensis*）、紫背苇鳽（*Ixobrychus eurhythmus*）、栗苇鳽（*Ixobrychus cinnamomeus*）、夜鹭（*Nycticorax nycticorax*）、雀鹰（*Accipiter nisus*）、苍鹰（*Accipiter gentilis*）、白腹鹞（*Circus spilonotus*）、白尾鹞（*Circus cyaneus*）、红隼（*Falco tinnunculus*）、红脚隼（*Falco amurensis*）、长耳鸮（*Asio otus*）、短耳鸮（*Asio flammeus*）、星头啄木鸟（*Dendrocopos canicapillus*）、大斑啄木鸟（*Dendrocopos major*）、灰喜鹊（*Cyanopica cyanus*）、喜鹊（*Pica pica*）、大山雀（*Parus cinereus*）、黄腰柳莺（*Phylloscopus proregulus*）、黄眉柳莺（*Phylloscopus inornatus*）、山麻雀（*Passer cinnamomeus*）、麻雀（*Passer montanus*）等（见图2-3）。

大鹰鹃
Hierococcyx sparverioides

四声杜鹃
Cuculus micropterus

大杜鹃
Cuculus canorus

黄斑苇鳽
Ixobrychus sinensis

紫背苇鳽 *Ixobrychus eurhythmus*	栗苇鳽 *Ixobrychus cinnamomeus*	雀鹰 *Accipiter nisus*	苍鹰 *Accipiter gentilis*
	夜鹭 *Nycticorax nycticorax*		
白尾鹞 *Circus cyaneus*		红隼 *Falco tinnunculus*	红脚隼 *Falco amurensis*
长耳鸮 *Asio otus*		短耳鸮 *Asio flammeus*	

灰喜鹊 *Cyanopica cyanus*	星头啄木鸟 *Dendrocopos canicapillus*	大斑啄木鸟 *Dendrocopos major*
	喜鹊 *Pica pica*	黄腰柳莺 *Phylloscopus proregulus*

图 2-3　森林生态系统中的主要鸟类

北京经开区的森林生态系统分布有东北刺猬（*Erinaceus amurensis*）、黄鼬（*Mustela sibirica*）、蒙古兔（*Lepus tolai*）（图2-4）、北松鼠（*Sciurus vulgaris*）、岩松鼠（*Sciurotamias davidianus*）（图2-5）等兽类动物，还分布有花背蟾蜍（*Bufo raddei*）、黑斑侧褶蛙（*Pelophylax nigromaculatus*）、金线侧褶蛙（*Pelophylax plancyi*）、北方狭口蛙（*Kaloula borealis*）、虎斑颈槽蛇（*Rhabdophis tigrinus*）（图2-6）等两栖爬行动物。

图 2-4　蒙古兔（*Lepus tolai*）（ Terry Townshend/ 摄）

图 2-5　岩松鼠（*Sciurotamias davidianus*）（谭戈 / 摄）

图 2-6　虎斑颈槽蛇（*Rhabdophis tigrinus*）（Terry Townshend/ 摄）

2.1.3　森林生态系统的主要群落类型

（1）毛泡桐群落

毛泡桐群落主要分为两层，即乔木层与草本层，无灌木层。乔木层的优势物种是毛泡桐，高度可达 14 m，盖度（覆盖率）可达55%；草本层高度可达 11 cm，盖度一般在 25% 以下。

本群落类型的主要物种组成有毛泡桐（*Paulownia tomentosa*）、桑（*Morus alba*）（幼苗）、毛白杨（*Populus tomentosa*）（幼苗）、早开堇菜（*Viola prionantha*）、苣荬菜（*Sonchus wightianus*）、蛇莓（*Duchesnea indica*）、龙葵（*Solanum nigrum*）、附地菜（*Trigonotis peduncularis*）、打碗花（*Calystegia hederacea*）、芥叶蒲公英（*Taraxacum brassicaefolium*）、止血马唐（*Digitaria ischaemum*）、蟋蟀草（*Eleusine indica*）、长叶车前（*Plantago lanceolata*）、铁苋菜（*Acalypha australis*）、藜（*Chenopodium album*）、诸葛菜（*Orychophragmus violaceus*）等（图 2-7）。

蛇莓 *Duchesnea indica*	龙葵 *Solanum nigrum* 附地菜 *Trigonotis peduncularis*	打碗花 *Calystegia hederacea*	芥叶蒲公英 *Taraxacum brassicaefolium*
止血马唐 *Digitaria ischaemum*	蟋蟀草 *Eleusine indica*		长叶车前 *Plantago lanceolata*
铁苋菜 *Acalypha australis*	藜 *Chenopodium album*		

图 2-7　毛泡桐群落中的主要植物

（2）毛白杨群落

毛白杨群落主要分为两层，即乔木层与草本层，无灌木层。乔木层的优势物种是毛白杨，有时混有银杏，毛白杨高度可达 20 m，乔木层盖度可达 90%；草本层的高度可达 17 cm，盖度可达 40%。

毛白杨群落主要物种组成有毛白杨（*Populus tomentosa*）、桑（*Morus alba*）（幼苗）、构（*Brousonetia papyrifera*）（幼苗）、狗尾草（*Setaria viridis*）、芥叶蒲公英（*Taraxacum brassicaefolium*）、蒲公英（*Taraxacum mongolicum*）、酢浆草（*Oxalis corniculata*）、苣荬菜（*Sonchus wightianus*）、诸葛菜（*Orychophragmus violaceus*）、平车前（*Plantago depressa*）、马齿苋（*Portulaca oleracea*）、合被苋（*Amaranthus polygonoides*）、牛筋草（*Eleusine indica*）、中华苦荬菜（*Ixeris chinensis*）、地锦草（*Euphorbia humifusa*）、荠菜（*Capsella bursa-pastoris*）、早开堇菜（*Viola prionantha*）、止血马唐（*Digitaria ischaemum*）、牛膝菊（*Galinsoga parviflora*）、附地菜（*Trigonotis peduncularis*）、饭包草（火柴头）（*Commelina benghalensis*）等（图 2-8）。

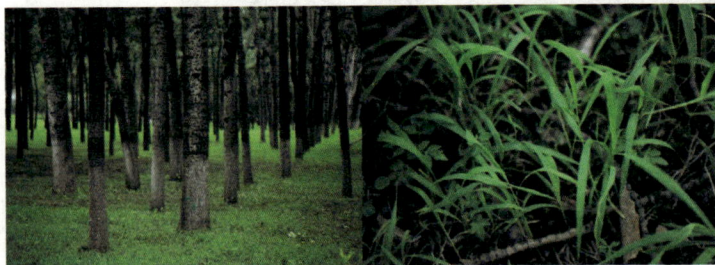

毛白杨
Populus tomentosa

狗尾草
Setaria viridis

芥叶蒲公英 *Taraxacum brassicaefolium*	蒲公英 *Taraxacum mongolicum*	苣荬菜 *Sonchus wightianus*	诸葛菜 *Orychophragmus violaceus*
	酢浆草 *Oxalis corniculata*		
马齿苋 *Portulaca oleracea*	合被苋 *Amaranthus polygonoides*		中华苦荬菜 *Ixeris chinensis*
地锦草 *Euphorbia humifusa*	荠菜 *Capsella bursa-pastoris*		

早开堇菜 *Viola prionantha*	止血马唐 *Digitaria ischaemum*	牛膝菊 *Galinsoga parviflora*
	附地菜 *Trigonotis peduncularis*	饭包草（火柴头） *Commelina benghalensis*

图 2-8　毛白杨群落中的主要植物

（3）槐群落

槐群落主要分为两层，即乔木层与草本层，无灌木层。乔木层的优势物种是槐（图 2-9），高度可达 17 m，乔木层中除槐外还偶有栾树（*Koelreuteria paniculata*）混生，乔木层盖度可达 98%；草本层的高度可达 15 cm，盖度为 5% 左右。

图 2-9 槐林

　　槐群落主要物种组成有槐、桑（*Morus alba*）（幼苗）、牛筋草（*Eleusine indica*）、中华苦荬菜（*Ixeris chinensis*）、酢浆草（*Oxalis corniculata*）、止血马唐（*Digitaria ischaemum*）、榆（*Ulmus pumila*）、早开堇菜（*Viola prionantha*）、狗尾草（*Setaria viridis*）、蒲公英（*Taraxacum mongolicum*）等（图 2-10）。

桑
Morus alba

止血马唐
Digitaria ischaemum

中华苦荬菜
Ixeris chinensis

酢浆草
Oxalis corniculata

早开堇菜 *Viola prionantha*

榆 *Ulmus pumila*

蒲公英 *Taraxacum mongolicum*

狗尾草 *Setaria viridis*

图 2-10 槐群落中的主要植物

（4）刺槐群落

刺槐群落主要分为两层，即乔木层与草本层，无灌木层。乔木层的优势物种是刺槐（图 2-11），高度可达 18 m，刺槐是单优树种，乔木层盖度可达 90%；草本层的高度可达 13 cm，盖度为 30% 左右。

刺槐群落的主要物种组成有刺槐（*Robinia pseudoacacia*）、酢浆草（*Oxalis corniculata*）、早开堇菜（*Viola prionantha*）、

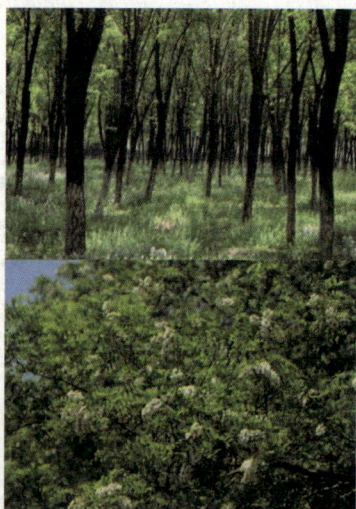

图 2-11 刺槐林

止血马唐（*Digitaria ischaemum*）、诸葛菜（*Orychophragmus violaceus*）、狗尾草（*Setaria viridis*）、牛筋草（*Eleusine indica*）、中华苦荬菜（*Ixeris chinensis*）、蒲公英（*Taraxacum mongolicum*）等。

（5）针阔混交林群落

针阔混交林群落主要分为两层，即乔木层与草本层，无灌木层。乔木层的优势物种不明显，有白蜡树（*Fraxinus chinensis*）、洋白蜡（*Fraxinus pennsylvanica*）、槐（*Styphnolobium japonicum*）、悬铃木（*Platanus acerifolia*）、梧桐（*Firmianaplatanifolia*）、旱柳（*Salix matsudana*）、刺槐（*Robinia pseudoacacia*）、臭椿（*Ailanthus altissima*）、紫叶李（*Prunus cerasifera* f. 'Atropurpurea'）、榆（*Ulmus pumila*）、碧桃（*Prunus persica* 'Duplex'）等阔叶种类及圆柏（*Sabina chinensis*）、白杆（*Picea meyeri*）、油松（*Pinus tabulaeformis*）等针叶树种（图 2-12）。乔木层高度可达 15 m，盖度可达 90% 以上；草本层高度可达 23 cm，盖度为 40% 左右。

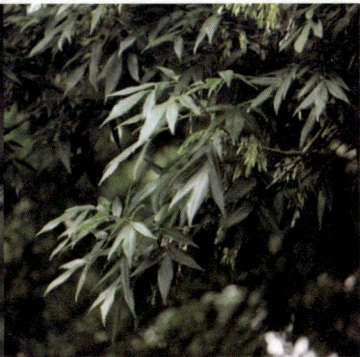

白蜡树	洋白蜡
Fraxinus chinensis	*Fraxinus pennsylvanica*

槐 *Styphnolobium japonicum*	旱柳 *Salix matsudana*	臭椿 *Ailanthus altissima*	紫叶李 *Prunus cerasifera* f. 'Atropurpurea'
	刺槐 *Robinia pseudoacacia*		
碧桃 *Prunus persica* 'Duplex'		圆柏 *Sabina chinensis*	油松 *Pinus tabulaeformis*

图 2-12　针阔混交林群落中乔木层主要植物

　　针阔混交林群落景观如图 2-13 所示。针阔混交林草本层主要物种组成有铁苋菜（*Acalypha australis*）、斑地锦（*Euphorbia maculata*）、蒲公英（*Taraxacum mongolicum*）、紫萼玉簪（*Hosta ventricosa*）、牛筋草（*Eleusine indica*）、饭包草（火柴头）（*Commelina benghalensis*）、狗尾草（*Setaria viridis*）、茜草（*Rubia cordifolia*）、

萝藦（*Metaplexis japonica*）、诸葛菜（*Orychophragmus violaceus*）、铁苋菜（*Acalypha australis*）、龙葵（*Solanum nigrum*）、蒲公英（*Taraxacum mongolicum*）、中华苦荬菜（*Ixeris chinensis*）等（图2-14）。

图 2-13　针阔混交林群落景观

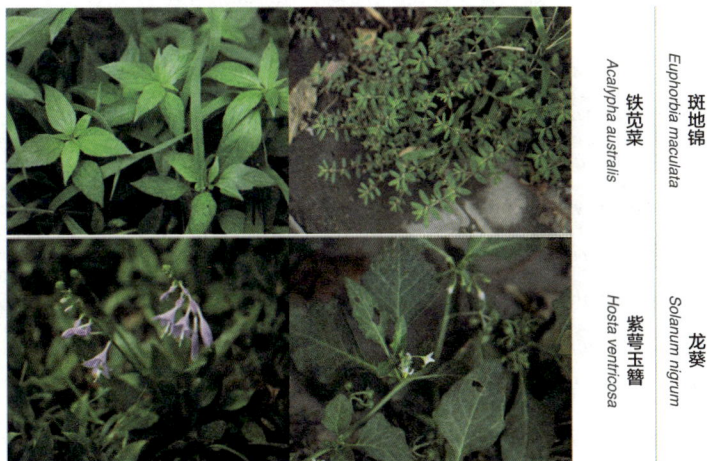

斑地锦 *Euphorbia maculata*

铁苋菜 *Acalypha australis*

龙葵 *Solanum nigrum*

紫萼玉簪 *Hosta ventricosa*

图 2-14　针阔混交林群落草本层主要植物

（6）阔叶混交林群落

阔叶混交林群落也主要分为两层，即乔木层与草本层，一般情况下无灌木层。乔木层的优势物种不明显，由垂柳（*Salix babylonica*）、洋白蜡（*Fraxinus pennsylvanica*）、银杏（*Ginkgo biloba*）等阔叶树种组成。乔木层高度可达 7 m、盖度可达 95%。阔叶混交林群落景观如图 2-15 所示。

图 2-15　阔叶混交林群落景观

草本层高度可达 110 cm，而盖度可达 100%，草本层主要物种组成有荻（*Miscanthus sacchariflorus*）、龙葵（*Solanum nigrum*）、蒲公英（*Taraxacum mongolicum*）、狗尾草（*Setaria viridis*）、马蔺（*Iris lactea* var. *chinensis*）、黄花菜（*Hemerocallis citrina*）、中华苦荬菜（*Ixeris chinensis*）、止血马唐（*Digitaria ischaemum*）、田旋花（*Convolvulus arvensis*）、朝天委陵菜（*Potentilla supina*）、早开堇菜（*Viola prionantha*）、旋覆花（*Inula japonica*）、桑（*Morus alba*）（幼苗）、鹅绒藤（*Cynanchum chinense*）、药用蒲公英（*Taraxacum officinale*）、地肤（*Kochia scoparia*）、鳢肠（*Eclipta prostrata*）、马齿苋（*Portulaca oleracea*）、小蓬草（*Conyza canadensis*）、翅果菊（*Lactuca indica*）等（图 2-16）。

龙葵	蒲公英 *Taraxacum mongolicum*	黄花菜	田旋花
Solanum nigrum	马蔺 *Iris lactea* var. *chinensis*	*Hemerocallis citrina*	*Convolvulus arvensis*
朝天委陵菜 *Potentilla supina*	旋覆花 *Inula japonica*		地肤 *Kochia scoparia*
翅果菊 *Lactuca indica*	小蓬草 *Conyza canadensis*		

图 2-16 阔叶混交林群落中的主要植物

（7）旱柳林群落

旱柳林群落主要分为两层，即乔木层与草本层，无灌木层（图2-17）。乔木层的优势物种是旱柳（*Salix matsudana*）。乔木层高度 12 m，盖度为 24% ~ 75%。

图 2-17 北京经开区的旱柳林

草本层的高度可达 70 cm，盖度为 25% ~ 95%，草本层主要物种有狗尾草（*Setaria viridis*）、大刺儿菜（*Cirsium arvense*）、桑（*Morus alba*）（幼苗）、萝藦（*Metaplexis japonica*）、藜（*Chenopodium album*）、蒲公英（*Taraxacum mongolicum*）、旋覆花（*Inula japonica*）、平车前（*Plantago depressa*）、地黄（*Rehmannia glutinosa*）、反枝苋（*Amaranthus retroflexus*）、龙葵（*Solanum nigrum*）、铁苋菜（*Acalypha australis*）、中华苦荬菜（*Ixeris chinensis*）、茜草（*Rubia cordifolia*）等（图 2-18）。

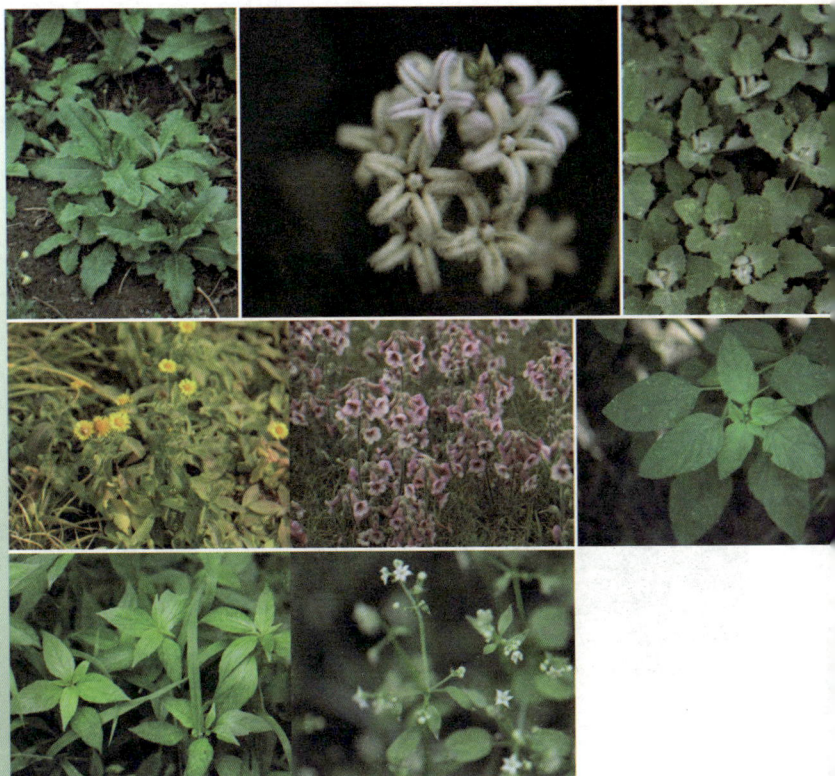

大刺儿菜 *Cirsium arvense*	萝藦 *Metaplexis japonica*	藜 *Chenopodium album*
旋覆花 *Inula japonica*	地黄 *Rehmannia glutinosa*	反枝苋 *Amaranthus retroflexus*
铁苋菜 *Acalypha australis*	茜草 *Rubia cordifolia*	

图 2-18　旱柳林群落草本层的主要植物

（8）银杏林群落

银杏林群落主要分为两层或三层，即乔木层与草本层，无或有灌木层。乔木层的优势物种是银杏（*Ginkgo biloba*），另外尚伴有海棠（*Malus spectabilis*）、槐（*Styphnolobium japonicum*）、白蜡树（*Fraxinus chinensis*）、洋白蜡（*Fraxinus pennsylvanica*）、臭椿（*Ailanthus altissima*）、毛白杨（*Populus tomentosa*）、君迁子（*Diospyros lotus*）等其他乔木物种。乔木层的高度可达 10 m，盖度可达 50%（图 2-19）。

图 2-19 银杏林景观

草本层高度可达 20 cm，盖度可达 60%，主要物种有狼尾草（*Pennisetum alopecuroides*）、大刺儿菜（*Cirsium arvense*）、中华苦荬菜（*Ixeris chinensis*）、早开堇菜（*Viola prionantha*）、斑地锦（*Euphorbia maculata*）、旋覆花（*Inula japonica*）、高羊茅（*Festuca elata*）、止血马唐（*Digitaria ischaemum*）等（图 2-20）。

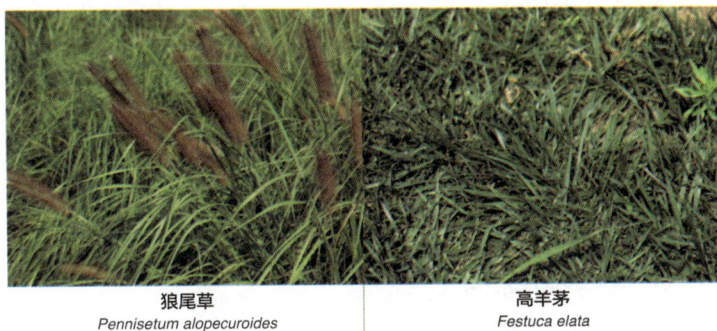

| 狼尾草 *Pennisetum alopecuroides* | 高羊茅 *Festuca elata* |

图 2-20　银杏群落的草本层主要植物

（9）栾树群落

栾树广泛分布于北京经开区，但较大面积的栾树群落分布很少。栾树群落分为两层，即乔木层与草本层，无灌木层。乔木层高度可达 9 m，盖度可达 60%；乔木层的建群种为栾树（*Koelreuteria paniculata*），伴生种有白蜡树（*Fraxinus chinensis*）、山楂（*Crataegus pinnatifida*）（图 2-21）。

图 2-21　栾树林景观

草本层的高度可达 57 cm，盖度可达 70%，主要物种组成有狗尾草（*Setaria viridis*）、茜草（*Rubia cordifolia*）、中华苦荬菜（*Ixeris chinensis*）、止血马唐（*Digitaria ischaemum*）、早开堇菜（*Viola prionantha*）、金银忍冬（*Lonicera maackii*）（幼苗）、鼠李（*Rhamnus davurica*）（幼苗）、栾树（*Koelreuteria paniculata*）（幼苗）、榆（*Ulmus pumila*）（幼苗）等。

2.2　灌丛生态系统

2.2.1　灌丛生态系统中的主要建群植物

北京经开区灌丛生态系统面积为 30.86 hm^2，占北京经开区总面积的 0.14%。根据实地调查，北京经开区的灌丛生态系统分布较零散、分布面积都非常小，见于各个公园以及街头的绿地。

北京经开区的灌丛几乎全是人工栽植的，灌丛主要植被类型有沙地柏（*Juniperus sabina*）、山桃（*Prunus davidiana*）、碧桃（*Prunus persica* 'Duplex'）、连翘（*Fontanesia suspensa*）、红瑞木（*Cornus alba*）、月季（*Rosa chinensis*）等（图 2-22）。

沙地柏
Juniperus sabina

山桃
Prunus davidiana

连翘 *Fontanesia suspensa*

碧桃 *Prunus persica* 'Duplex'

月季 *Rosa chinensis*

红瑞木 *Cornus alba*

图 2-22　灌丛生态系统中的主要植物

2.2.2　灌丛生态系统中的主要野生动物

北京经开区灌丛生态系统中分布的昆虫有东亚异痣蟌（*Ischnura asiatica*）、红蜻（*Crocothemis servilia*）、多伊棺头蟋（*Loxoblemmus doenitzi*）、小棺头蟋（*Loxoblemmus aomoriensis*）等；分布的两栖爬行类有中华蟾蜍（*Bufo gargarizans*）、花背蟾蜍（*Bufo raddei Strauch*）、北方狭口蛙（*Kaloula borealis*）、丽斑麻蜥（*Eremias argus*）等；鸟类有云雀（*Alauda arvensis*）、家燕（*Hirundo rustica*）、喜鹊（*Pica pica*）、灰喜鹊（*Cyanopica cyanus*）等；兽类有东北刺猬（*Erinaceus amurensis*）、大仓鼠（*Tscherskia triton*）、黑线仓鼠（*Cricetulus barabensis*）、北松鼠（*Sciurus vulgaris*）、黑线姬鼠（*Asida agrarius*）、蒙古兔（*Lepus tolai*）等（图 2-23）。

云雀 *Alauda arvensis*	家燕 *Hirundo rustica*	喜鹊 *Pica pica*
灰喜鹊 *Cyanopica cyanus*	东北刺猬 *Erinaceus amurensis*	蒙古兔 *Lepus tolai*

图 2-23 灌丛生态系统中的野生动物

2.2.3 灌丛生态系统中的主要群落类型

（1）沙地柏灌丛

沙地柏灌丛群落较为广泛地分布于北京经开区，其群落结构只有一层，层高度在 80 cm 左右，盖度可达 100%。草本种类镶嵌于灌丛中，除优势种沙地柏（*Juniperus sabina*）外，物种组成还有茜草（*Rubia cordifolia*）、鹅绒藤（*Cynanchum chinense*）、小蓟（*Cirsium arvense* var. *integrifolium*）、芦苇（*Phragmites australis*）、菊芋（*Helianthus tuberosus*）、野艾蒿（*Artemisia lavandulaefolia*）等种类（图 2-24）。

| 茜草 *Rubia cordifolia* | 小蓟 *Cirsium arvense* var. *integrifolium* | 芦苇 *Phragmites australis* |
| 菊芋 *Helianthus tuberosus* | 野艾蒿 *Artemisia lavandulaefolia* | |

图 2-24 沙地柏灌丛中的主要植物

（2）连翘灌丛

连翘灌丛较广泛地分布于北京经开区内，只是分布面积都较小，群落结构仅有一层。草本种类镶嵌在灌丛内，层高度可达 140 cm，灌丛盖度基本上为 100%。除绝对优势种连翘（*Fontanesia suspensa*）外，尚有翅果菊（*Pterocypsela indica*）、裂叶牵牛（*Ipomoea hederacea*）、 狗尾草（*Setaria viridis*）、 圆叶牵牛（*Pharbitis purpurea*）等草本种类（图2-25）。

图 2-25 连翘灌丛中的主要植物

（3）红瑞木灌丛

红瑞木灌丛小面积分布于北京经开区的几个公园，该群落的结构有两层，即灌木层与草本层，灌木层高度大约在 150 cm，盖度为 90% ～ 95%。红瑞木（*Cornus alba*）是灌木层的绝对优势种，伴生种有垂柳（*Salix babylonica*）（幼苗）和洋白蜡（*Fraxinus pennsylvanica*）（幼苗）以及桑（*Morus alba*）（幼苗）和榆（*Ulmus pumila*）（幼苗）等。

　　红瑞木伴生的草本物种有多裂翅果菊（*Pterocypsela laciniata*）、黄花蒿（*Artemisia annua*）、狗尾草（*Setaria viridis*）、翅果菊（*Pterocypsela indica*）、黄香草木樨（*Melilotus officinalis*）、茜草（*Rubia cordifolia*）、芦苇（*Phragmites australis*）、猪毛蒿（*Artemisia scoparia*）、大刺儿菜（*Cirsium arvense*）等（图2-26）。

红瑞木 Cornus alba	垂柳 *Salix babylonica*	多裂翅果菊 Pterocypsela laciniata	黄花蒿 Artemisia annua
	洋白蜡 *Fraxinus pennsylvanica*		
黄香草木樨 *Melilotus officinalis*	茜草 *Rubia cordifolia*		猪毛蒿 *Artemisia scoparia*

图2-26　红瑞木灌丛中的主要植物

（4）月季灌丛

月季灌丛在北京经开区比较常见，不过分布面积均较小，鲜有较大面积。月季灌丛可分为两层，其中灌木层的高度在 60 ～ 90 cm，盖度为 45% ～ 60%。

除优势种月季（*Rosa chinensis*）外，伴生种还有藤本多花蔷薇（*Rosa multiflora*）以及草本植物田旋花（*Convolvulus arvensis*）、铁苋菜（*Acalypha australis*）、马齿苋（*Portulaca oleracea*）、打碗花（*Calystegia hederacea*）、斑地锦（*Euphorbia maculata*）、止血马唐（*Digitaria ischaemum*）、大刺儿菜（*Cirsium arvense*）等（图 2-27）。

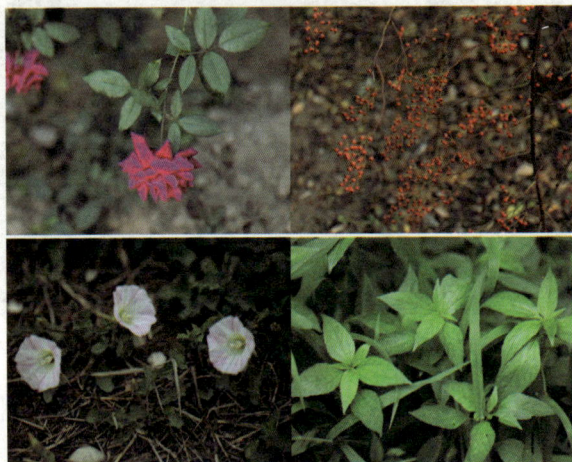

月季 *Rosa chinensis*　多花蔷薇 *Rosa multiflora*　田旋花 *Convolvulus arvensis*　铁苋菜 *Acalypha australis*

图 2-27　月季灌丛中的主要植物

打碗花 *Calystegia hederacea*
马齿苋 *Portulaca oleracea*
止血马唐 *Digitaria ischaemum*
斑地锦 *Euphorbia maculata*

（5）山桃灌丛

山桃及山桃灌丛零星地分布于北京经开区，山桃灌丛的分布面积不大。山桃灌丛群落结构分为两层，其灌木层高度为 6～7 m，灌木层中山桃（*Prunus davidiana*）是优势种，伴生种有碧桃（*Prunus persica* 'Duplex'）。

草本层的高度常在 40 cm 以下，盖度为 10%～100%，草本层植物组成有蒲公英（*Taraxacum mongolicum*）、斑地锦（*Euphorbia maculata*）、尖裂假还阳参（*Crepidiastrum sonchifolium*）、牛筋草（*Eleusine indica*）、止血马唐（*Digitaria ischaemum*）、狗尾草（*Setaria viridis*）、中华苦荬菜（*Ixeris chinensis*）等（图 2-28）。

山桃	碧桃	蒲公英
Prunus davidiana	*Prunus persica* 'Duplex'	*Taraxacum mongolicum*
斑地锦	尖裂假还阳参	中华苦荬菜
Euphorbia maculata	*Crepidiastrum sonchifolium*	*Ixeris chinensis*

图 2-28　山桃灌丛中的主要植物

（6）碧桃灌丛

　　碧桃灌丛广布于北京经开区的各个区域，但面积均比较小。碧桃群落一般分为两层，灌木层高度在 3 m 左右，盖度可达 98%。在灌木层，碧桃一般为单优群落。

　　草本层的高度可达 25 cm，盖度为 60% ～ 80%，草本层主要

物种有高羊茅（*Festuca elata*）、早开堇菜（*Viola prionantha*）、
艾（*Artemisia argyi*）、止血马唐（*Digitaria ischaemum*）、地黄
（*Rehmannia glutinosa*）等（图 2-29）。

| 碧桃
Prunus persica 'Duplex' | 高羊茅
Festuca elata | |
| 艾
Artemisia argyi | 地黄
Rehmannia glutinosa | 早开堇菜
Viola prionantha |

图 2-29　碧桃灌丛中的主要植物

2.3　草地生态系统

2.3.1　草地生态系统中的主要建群植物

北京经开区草地生态系统面积为 3 046.54 hm²，占北京经开区
总面积的 13.50%。根据实地调查，北京经开区草地主要分布于各

公园以内、荒草地和街头绿地。北京经开区的草地生态系统可分为两类，即人工草地与自然草地。人工草地有马蔺（*Iris lactea* var. *chinensis*）群落、日光菊（*Heliopsis helianthoides* var. *scabra*）群落、狼尾草（*Pennisetum alopecuroides*）群落、蓝花鼠尾草（*Salvia farinacea*）群落、芦苇（*Phragmites australis*）群落等。自然群落有野大豆（*Glycine soja*）群落、牛筋草（*Eleusine indica*）群落、绿穗苋（*Amaranthus hybridus*）群落等（图 2-30）。

马蔺
Iris lactea var. *chinensis*

日光菊
Heliopsis helianthoides var. *scabra*

狼尾草
Pennisetum alopecuroides

蓝花鼠尾草
Salvia farinacea

芦苇
Phragmites australis

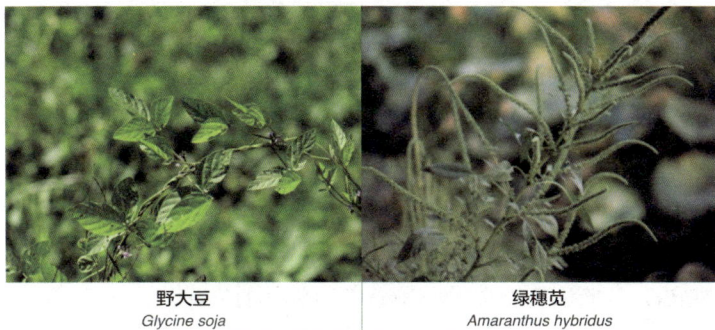

| 野大豆
Glycine soja | 绿穗苋
Amaranthus hybridus |

图 2-30　草地生态系统中的主要植物

2.3.2　草地生态系统中的主要野生动物

北京经开区草地生态系统中分布的昆虫有斜条虎甲（*Cylindera obliquefasciata*）、黄斑青步甲（*Chlaenius micans*）、截微筒蜉金龟（*Pleurophorus caesus*）、异色瓢虫（*Harmonia axyridis*）等；分布的两栖爬行类有中华蟾蜍（*Bufo gargarizans*）、花背蟾蜍（*Bufo raddei* Strauch）、北方狭口蛙（*Kaloula borealis*）、丽斑麻蜥（*Eremias argus*）等；鸟类有小嘴乌鸦（*Corvus corone*）、家燕（*Hirundo rustica*）、喜鹊（*Pica pica*）、灰喜鹊（*Cyanopica cyanus*）等；兽类有东北刺猬（*Erinaceus amurensis*）、大仓鼠（*Tscherskia triton*）、黑线仓鼠（*Cricetulus barabensis*）、北松鼠（*Sciurus vulgaris*）、黑线姬鼠（*Apodemus agrarius*）、蒙古兔（*Lepus tolai*）等。

2.3.3　草地生态系统中的主要群落类型

（1）马蔺群落

马蔺群落广泛分布于北京经开区，但面积一般都不大，绝大部分是栽培种，群落的结构仅有一层，高度可达 90 cm，盖度可达 95%。物种组成有马蔺（*Iris lactea* var. *chinensis*）、狗尾草（*Setaria viridis*）、半夏（*Pinellia ternata*）等（图 2-31）。

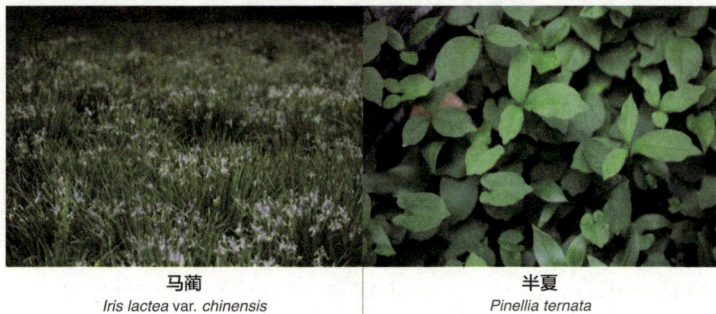

马蔺	半夏
Iris lactea var. *chinensis*	*Pinellia ternata*

图 2-31　马蔺群落中的主要植物

（2）日光菊群落

日光菊群落在北京经开区也较为普遍，但基本上都是栽培种，群落仅有一层，高度可达 1 m，盖度几乎为 100%。植物组成有日光菊（*Heliopsis helianthoides* var. *scabra*）、藜（*Chenopodium album*）、中华苦荬菜（*Ixeris chinensis*）、五月艾（*Artemisia indica*）等（图 2-32）。

图 2-32　日光菊群落中的主要植物

（3）野大豆群落

　　野大豆群落在北京经开区分布较广，例如，南海子湿地公园、博大公园和台湖公园等。值得一提的是，采育飞地分布有较大面积的野大豆群落，尽管其群落结构仅有一层，但群落高度可达150 cm，盖度为90% 以上。野大豆（*Glycine soja*）是优势种，另外还有莲（*Nelumbo nucifera*）、大刺儿菜（*Cirsium arvense*）、金色狗尾草（*Setaria pumila*）、铁苋菜（*Acalypha australis*）、旋覆花（*Inula japonica*）、稗（*Echinochloa crusgalli*）、小香蒲（*Typha minima*）、唐菖蒲（*Gladiolus gandavensis*）、芦苇（*Phragmites australis*）、酸模叶蓼（*Persicaria lapathifolium*）等（图 2-33）。

野大豆	莲	铁苋菜	旋覆花
Glycine soja	*Nelumbo nucifera*	*Acalypha australis*	*Inula japonica*
	金色狗尾草		
	Setaria pumila		
稗	唐菖蒲	酸模叶蓼	
Echinochloa crusgalli	*Gladiolus gandavensis*	*Persicaria lapathifolium*	

图 2-33　野大豆群落中的主要植物

（4）蓝花鼠尾草群落

　　北京经开区的各个公园或绿地都栽培了蓝花鼠尾草，马路旁的分布也较为广泛。蓝花鼠尾草群落的结构也是一层，高度约 60 cm，盖度为 90% ～ 100%。除蓝花鼠尾草（*Salvia farinacea*）为优势种类外，还伴生有狗尾草（*Setaria viridis*）、止血马唐（*Digitaria ischaemum*）等（图 2-34）。

蓝花鼠尾草
Salvia farinacea

狗尾草
Setaria viridis

止血马唐
Digitaria ischaemum

图 2-34 蓝花鼠尾草群落中的主要植物

（5）美人蕉群落

美人蕉群落零星分布于北京经开区的一些公园，面积很小。群落结构仅有一层，高度一般在 100 cm 以下，盖度为 50% ～ 70%。除优势种美人蕉（*Canna indica*）外，其伴生种有狗尾草（*Setaria viridis*）、刺苋（*Amaranthus spinosus*）、牛筋草（*Eleusine indica*）、小酸浆（*Physalis minima*）、止血马唐（*Digitaria ischaemum*）等（图 2-35）。

美人蕉	刺苋
Canna indica	*Amaranthus spinosus*

小酸浆
Physalis minima

图 2-35　美人蕉人工群落中的主要植物

（6）大花美人蕉群落

大花美人蕉群落零星地分布于北京经开区，面积很小。该群落结构有两层，上层大花美人蕉（*Canna generalis*）为建群种，高度可达 110 cm，盖度可达 50% 以上；下层高度一般在 30 cm 以下，盖度为 30% 以下，主要物种有止血马唐（*Digitaria ischaemum*）、打碗花（*Calystegia hederacea*）、斑地锦（*Euphorbia maculata*）、牛筋草（*Eleusine indica*）、画眉草（*Eragrostis pilosa*）、马齿苋（*Portulaca oleracea*）等（图 2-36）。

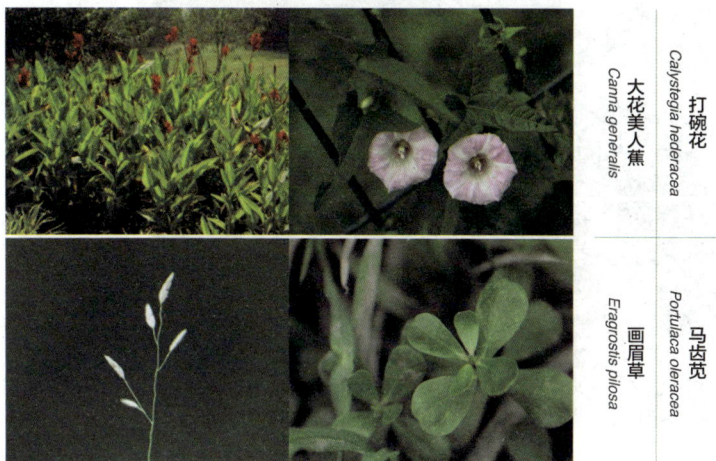

图 2-36　大花美人蕉群落中的主要植物

（7）狼尾草群落

狼尾草（*Pennisetum alopecuroides*）群落广泛分布于北京经开区的各个公园，但均为栽培种，且面积都比较小，一般呈条状或块状分布。狼尾草群落结构仅有一层，高度约 150 cm，盖度可达 100%。群落有时为单优种，有时伴有其他种类，如多裂翅果菊（*Pterocypsela laciniata*）、尖裂假还阳参（*Crepidiastrum sonchifolium*）、早开堇菜（*Viola prionantha*）、藜（*Chenopodium album*）、打碗花（*Calystegia hederacea*）、平车前（*Plantago depressa* Willd.）、中华苦荬菜（*Ixeris chinensis*）、狗尾草（*Setaria viridis*）、萝藦（*Metaplexis japonica*）等（图 2-37）。

图 2-37　狼尾草群落中的主要植物

（8）草芙蓉群落

　　草芙蓉群落零星地分布于北京经开区，具有分布面积小、分布点位少的特点。群落可分为两层，上层为芙蓉葵（*Hibiscus moscheutos*），下层为其他种类，群落的高度大约在 160 cm，盖度接近 100%。除优势种芙蓉葵外，尚伴生有五叶地锦（*Parthenocissus quinquefolia*）、刺苋（*Amaranthus spinosus*）、野艾蒿（*Artemisia lavandulaefolia*）、饭包草（火柴头）（*Commelina benghalensis*）等（图 2-38）。

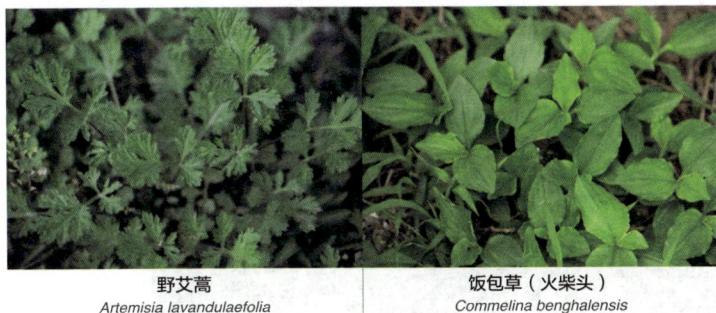

| 野艾蒿 *Artemisia lavandulaefolia* | 饭包草（火柴头）*Commelina benghalensis* |

图 2-38　草芙蓉群落中的主要植物

（9）黄花菜群落

黄花菜群落零星地分布于北京经开区，分布面积较小，其群落结构仅有一层，高度可达 110 cm，盖度为 80% ～ 95%。建群种为黄花菜（*Hemerocallis citrina*），伴生种有早开堇菜（*Viola prionantha*）、中华苦荬菜（*Ixeris chinensis*）、蒲公英（*Taraxacum mongolicum*）、狗尾草（*Setaria viridis*）、藜（*Chenopodium album*）、平车前（*Plantago depressa*）等（图 2-39）。

黄花菜
Hemerocallis citrina

图 2-39　黄花菜群落中的主要植物

（10）玉簪群落

　　玉簪群落比较广泛地分布于北京经开区，分布面积有大有小，其群落结构仅有一层，高度可达 80 cm，盖度可达 100%。除建种玉簪（*Hosta plantaginea*）外，尚有伴生种藜（*Chenopodium album*）、紫萼玉簪（*Hosta ventricosa*）、刺槐（*Robinia pseudoacacia*）（幼苗）、狗尾草（*Setaria viridis*）、龙葵（*Solanum nigrum*）等（图 2-40）。

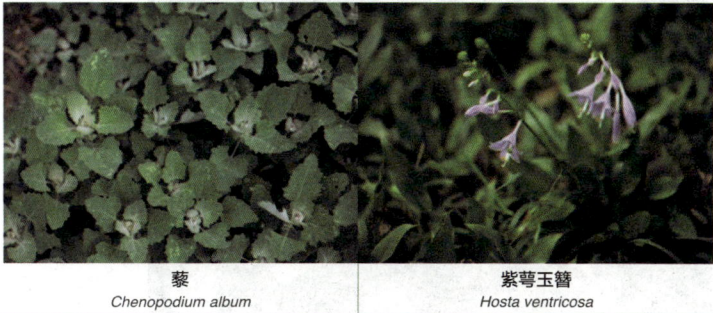

藜	紫萼玉簪
Chenopodium album	*Hosta ventricosa*

图 2-40　玉簪群落中的主要植物

（11）芍药群落

芍药群落零星地分布于北京经开区，分布面积较少。芍药群落结构一般一层，层高度可达 76 cm，层盖度可达 98%。除建群种芍药（*Paeonia lactiflora*）外，尚伴生有大刺儿菜（*Cirsium arvense*）、狗尾草（*Setaria viridis*）、君迁子（*Diospyros lotus*）（幼苗）、早开堇菜（*Viola prionantha*）、洋白蜡（*Fraxinus pennsylvanica*）（幼苗）、田旋花（*Convolvulus arvensis*）等（图 2-41）。

芍药
Paeonia lactiflora

图 2-41　芍药群落中的主要植物

（12）野牛草群落

野牛草群落零星分布于北京经开区，例如南海子公园，但群落面积较小。群落结构仅有一层，层高度不超过 20 cm，层盖度为 78% ～ 90%。除优势种野牛草（*Buchloe dactyloides*）外，伴生种有止血马唐（*Digitaria ischaemum*）、马蔺（*Iris lactea* var. *chinensis*）、问荆（*Equisetum aruense*）、斑地锦（*Euphorbia maculata*）、蒲公英（*Taraxacum mongolicum*）、中华苦荬菜（*Ixeris chinensis*）等（图 2-42）。

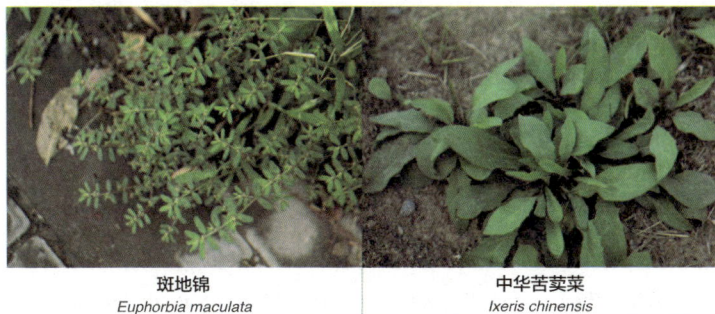

| 斑地锦
Euphorbia maculata | 中华苦荬菜
Ixeris chinensis |

图 2-42 野牛草群落中的主要植物

（13）假龙头花群落

假龙头花群落较为广泛地分布于北京经开区，群落结构仅有一层，层高度可达 110 cm，盖度为 90% ～ 100%。除建群种假龙头花（*Physostegia virginiana*）外，主要伴生种有白蜡树（*Fraxinus chinensis*）、狗尾草（*Setaria viridis*）、藜（*Chenopodium album*）等（图 2-43）。

| 假龙头花
Physostegia virginiana | 白蜡树
Fraxinus chinensis |

图 2-43 假龙头花群落

（14）荒草地

荒草地广泛分布于北京经开区的各个角落，主要是暂时未被开发的土地以及未被注意的角落，生长着各种荒草。有的群落优势种明显，如绿穗苋（*Amaranthus hybridus*）群落、牛筋草（*Eleusine indica*）群落，有的则不明显。

分布在荒草地的两栖爬行类有中华蟾蜍（*Bufo gargarizans*）、花背蟾蜍（*Bufo raddei Strauch*）、北方狭口蛙（*Kaloula borealis*）、丽斑麻蜥（*Eremias argus*）等；鸟类有麻雀（*Passer montanus*）、小嘴乌鸦（*Corvus corone*）、家燕（*Hirundo rustica*）、喜鹊（*Pica pica*）、灰喜鹊（*Cyanopica cyanus*）、戴胜（*Upupa epops*）等；兽类有东北刺猬（*Erinaceus amurensis*）、大仓鼠（*Tscherskia triton*）等。

1）绿穗苋群落

绿穗苋群落主要分布于凉水河及通惠河的两岸，分布不很广泛，绿穗苋群落结构仅为一层，高度可达 150 cm，盖度可达 100%。除绿穗苋（*Amaranthus hybridus*）是优势物种外，尚伴生有止血马唐（*Digitaria ischaemum*）、葎草（*Humulus scandens*）、狗尾草（*Setaria viridis*）、虎尾草（*Chloris virgata*）等物种（图 2-44）。

葎草 *Humulus scandens*

止血马唐 *Digitaria ischaemum*

绿穗苋
Amaranthus hybridus

虎尾草
Chloris virgata

图 2-44　绿穗苋群落中的主要植物

2）牛筋草群落

以牛筋草为优势种的群落在北京经开区只是偶有分布，其群落的结构仅有一层，高度可达 70 cm，盖度为 75% ～ 98%，主要物种有牛筋草（*Eleusine indica*）、狗尾草（*Setaria viridis*）、止血马唐（*Digitaria ischaemum*）、虎尾草（*Chloris virgata*）、龙葵（*Solanum nigrum*）等（图 2-45）。

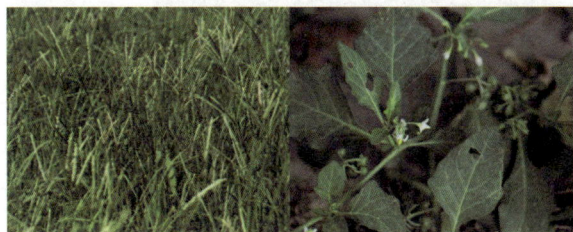

龙葵
Solanum nigrum

牛筋草
Eleusine indica

图 2-45　牛筋草群落中的主要植物

3）荒草草丛群落

荒草草丛群落结构一般为一层，群落高度可达 160 cm，盖度为 50% ～ 100%。荒草草丛群落的主要物种有金色狗尾草（*Setaria pumila*）、牛筋草（*Eleusine indica*）、狗尾草（*Setaria viridis*）、紫苜蓿（*Medicago sativa*）、藜（*Chenopodium album*）、秋英（*Cosmos bipinnatus*）、红蓼（东方蓼）（*Persicaria orientale*）、野大豆（*Glycine soja*）、诸葛菜（*Orychophragmus violaceus*）、小蓟（*Cirsium arvense* var. *integrifolium*）、芦苇（*Phragmites australis*）、大刺儿菜（*Cirsium arvense*）、鳢肠（*Eclipta prostrata*）、具芒碎米莎草（*Cyperus microiria*）、藨草（*Schoenoplectus triqueter*）、稗（*Echinochloa crusgalli*）、苍耳（*Xanthium strumarium*）、翅果菊（*Pterocypsela indica*）、头状穗莎草（*Cyperus glomeratus*）、小马泡（*Cucumis bisexualis*）、马齿苋（*Portulaca oleracea*）、打碗花（*Calystegia hederacea*）、夏至草（*Lagopsis supina*）、斑种草（*Bothriospermum chinense*）、茜草（*Rubia cordifolia*）、刺苋（*Amaranthus spinosus*）、美洲商陆（*Phytolacca americana*）、葎草（*Humulus scandens*）、蟋蟀草（*Eleusine indica*）、画眉草（*Eragrostis pilosa*）、大麻（*Cannabis sativa*）、鸡眼草（*Kummerowia striata*）等（图 2-46）。

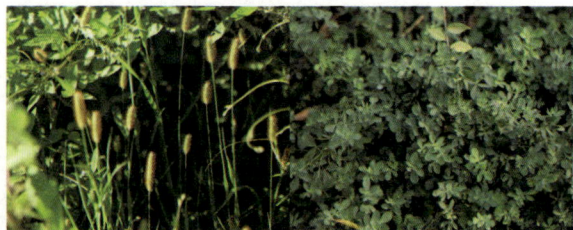

紫苜蓿
Medicago sativa
金色狗尾草
Setaria pumila

秋英 *Cosmos bipinnatus*	红蓼（东方蓼） *Persicaria orientale*	小蓟 *Cirsium arvense* var. *integrifolium*	具芒碎米莎草 *Cyperus microiria*
	诸葛菜 *Orychophragmus* *violaceus*		
藨草 *Schoenoplectus triqueter*		苍耳 *Xanthium strumarium*	头状穗莎草 *Cyperus glomeratus*
小马泡 *Cucumis bisexualis*		夏至草 *Lagopsis supina*	

图 2-46　荒草草丛群落中的主要植物

2.4　湿地生态系统

2.4.1　湿地生态系统的主要类型

　　北京经开区湿地生态系统面积为 481.08 hm²，占全区总面积的 2.13%。湿地生态系统主要有河流与人工湖两种类型。河流有凉水河及通惠渠。人工湖主要在南海子公园、通明湖公园、滨河新城湿地公园、马驹桥湿地公园、旺兴湖郊野公园、鸿博公园、博大公园等。莲（*Nelumbo nucifera*）群落、芦苇（*Phragmites australis*）群落、盒子草（*Actinostemma tenerum*）群落以及菰（*Zizania latifolia*）群落等分布其中。

2.4.2　湿地生态系统中的主要野生动物

北京经开区湿地生态系统里分布有淡绿刺鞘牙甲 [*Berosus-* (Enoplurus) *spinosus*]、乌苏苍白牙甲 [*Enochrus* (Holcophilydrus) *simulans*]、宽缝斑龙虱（*Hydaticus grammicus*）、钝刺腹牙甲 (*Hydrochara affinis*)、双带短褶龙虱（*Hydroglyphus licenti*）、日拟负蝽（*Appasus japonicus*）、圆臀大鼋蝽（*Aquarius paludum*）等昆虫。

北京经开区湿地生态系统里分布的鸟类有鸿雁（*Anser cygnoid*）、苍鹭（*Ardea cinerea*）、疣鼻天鹅（*Cygnus olor*）、翘鼻麻鸭（*Tadorna tadorna*）、赤麻鸭（*Tadorna ferruginea*）、鸳鸯（*Aix galericulata*）、赤膀鸭（*Mareca strepera*）、罗纹鸭（*Mareca falcata*）、赤颈鸭（*Mareca penelope*）、绿头鸭（*Anas platyrhynchos*）、普通秋沙鸭（*Mergus merganser*）等（图2-47）。

鸿雁 *Anser cygnoid*　鸳鸯 *Aix galericulata*　绿头鸭 *Anas platyrhynchos*　疣鼻天鹅 *Cygnus olor*

图 2-47　湿地生态系统中的主要鸟类

　　鱼类有鲢（*Hypophthalmichthys molitrix*）、鲤（*Cyprinus carpio*）、鲫（*Carassius auratus*）、泥鳅（*Misgumus anguillicaudatus*）、黄颡鱼（*Pelteobagrus fulvidraco*）、子陵吻虾虎鱼（*Rhinogobius giurinus*）等。

2.4.3　湿地生态系统中的主要群落类型

（1）莲群落

　　莲群落较为广泛地分布于北京经开区的各个水域，例如，南海子公园、马驹桥湿地公园、博大公园等。莲群落结构仅有一层，高度可达 110 cm，盖度可达 100%。莲群落往往是单优种群落，但有时也有伴生种，如芦苇（*Phragmites australis*）、酸模叶蓼（*Persicaria lapathifolium*）、睡莲（*Nymphaea tetragona*）、荇菜（*Nymphoides peltata*）、狐尾藻（*Myriophyllum spicatum*）、眼子菜（*Potamogeton distinctus*）等（图 2-48）。

芦苇 *Phragmites australis*	莲 *Nelumbo nucifera*	酸模叶蓼 *Persicaria lapathifolium*	睡莲 *Nymphaea tetragona*
荇菜 *Nymphoides peltata*	狐尾藻 *Myriophyllum spicatum*		眼子菜 *Potamogeton distinctus*

图 2-48　莲群落中的主要植物

（2）芦苇群落

芦苇群落广泛分布于北京经开区的各个湿地，分布面积有大有小，芦苇群落一般分为一层，群落高度一般约 180 cm，盖度达 100%。除优势种芦苇（*Phragmites australis*）外，还伴随有长芒稗（*Echinochloa caudata*）、唐菖蒲（*Gladiolus gandavensis*）、葎草

（*Humulus scandens*）、萝藦（*Metaplexis japonica*）、白花婆婆针
（*Bidens bipinnata*）、野大豆（*Glycine soja*）等（图2-49）。

长芒稗 *Echinochloa caudata*	芦苇 *Phragmites australis*	
唐菖蒲 *Gladiolus gandavensis*	葎草 *Humulus scandens*	野大豆 *Glycine soja*

图2-49　芦苇群落

（3）盒子草群落

盒子草在北京是比较稀有的植物种，盒子草群落零星分布于
北京经开区，仅在通惠渠河边发现呈片状分布。盒子草群落结构

仅有一层，层高度不到 100 cm，层盖度为 50% ～ 95%，除优势种盒子草（*Actinostemma tenerum*）外，尚有菰（茭白）（*Zizania latifolia*）、长 芒 稗（*Echinochloa caudata*）、芦 苇（*Phragmites australis*）等伴生种（图 2-50）。

图 2-50　盒子草群落中的主要植物

（4）水烛群落

水烛（*Typha angustifolia*）也较为广泛地分布于北京经开区的各个公园，在水烛群落中，水烛一般是单优种，群落结构仅有一层，高度约 180 cm，盖度为 75% ～ 90%。其伴生种往往有芦苇（*Phragmites australis*）、狗尾草（*Setaria viridis*）、野大豆（*Glycine soja*）等（图 2-51）。

图 2-51   水烛群落

（5）菰群落

　　菰（*Zizania latifolia*）在北京经开区较为少见，菰群落仅分布于通惠渠的个别地段，群落也仅有一层，群落高度为 120 ～ 140 cm，盖度为 85% ～ 95%。群落中菰是优势种，此外还伴生有盒子草（*Actinostemma tenerum*）、长芒稗（*Echinochloa caudata*）等（图 2-52）。

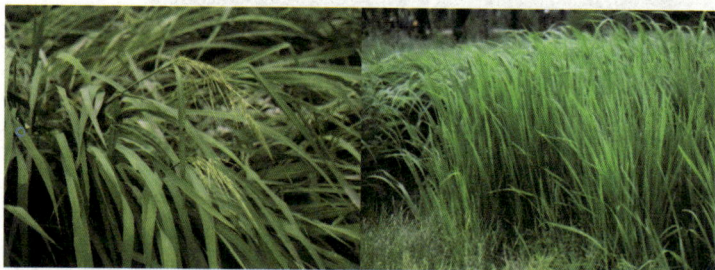

图 2-52   菰群落

2.5 农田生态系统

2.5.1 农田生态系统中的主要作物

北京经开区农田生态系统面积约为 1 827.34 hm^2，占北京经开区总面积的 8.10%。农田生态系统在北京经开区比较少见，仅零星分布于边缘地带和尚未开发的区域（图 2-53）。农作物主要有玉米（*Zea mays*）、番薯（*Ipomoea batatas*）等；果树主要种类有海棠（*Malus spectabilis*）、白梨（*Pyrus bretschneideri*）、苹果（*Malus pumila*）等；蔬菜主要有豆角（*Phaseolus vulgaris*）、茄（*Solanum melongena*）、辣椒（*Capsicum annuum*）、黄瓜（*Cucumis sativus*）、西红柿（*Solanum lycopersicum*）、西瓜（*Citrullus lanatus*）、丝瓜（*Luffa cylindrica*）等。

图 2-53 农田生态系统

2.5.2 农田生态系统中的主要野生动物

农田里分布的两栖爬行类有中华蟾蜍（*Bufo gargarizans*）、花背蟾蜍（*Bufo raddei Strauch*）、北方狭口蛙（*Kaloula borealis*）、

丽斑麻蜥（*Eremias argus*）等；鸟类有麻雀（*Passer montanus*）、小嘴乌鸦（*Corvus corone*）、家燕（*Hirundo rustica*）、喜鹊（*Pica pica*）、灰喜鹊（*Cyanopica cyanus*）等；兽类有东北刺猬（*Erinaceus amurensis*）、大仓鼠（*Tscherskia triton*）、黑线仓鼠（*Cricetulus barabensis*）、北松鼠（*Sciurus vulgaris*）、黑线姬鼠（*Apodemus agrarius*）、蒙古兔（*Lepus tolai*）等。

2.5.3　农田生态系统中的主要群落类型

（1）玉米群落

玉米群落一般分为两层，群落高度为 250 cm 左右，群落盖度为 80%～95%。除优势种玉米外，下层尚分布有大刺儿菜（*Cirsium arvense*）、打碗花（*Calystegia hederacea*）、止血马唐（*Digitaria ischaemum*）、狗尾草（*Setaria viridis*）、牛筋草（*Eleusine indica*）等（图 2-54）。

图 2-54　玉米群落

（2）大豆群落

大豆群落一般为一层，群落高度为 50 cm 左右，群落盖度为 70% ～ 90%。大豆［*Glycine max* (L.) Merr.］为优势种，伴生有一些荒草，主要种类组成有朝天委陵菜（*Potentilla supina*）、牛筋草（*Eleusine indica*）、虎尾草（*Chloris virgata* Sw.）、止血马唐（*Digitaria ischaemum*）、刺苋（*Amaranthus spinosus*）、绿穗苋（*Amaranthus hybridus*）等（图 2-55）。

图 2-55　大豆群落

2.6　城镇生态系统

北京经开区城镇生态系统面积约 11 330.93 hm²，占全区总面积的 50.22%，是北京经开区城市化程度高的一种表现。城镇生态系统包括居住地、城市绿地（城市的公共绿地、居住区绿地、单位附属绿地、防护绿地、生产绿地及风景林等）、交通用地等（图 2-56）。飞翔在城镇系统上空的鸟类有家燕（*Hirundo rustica*）、金腰燕（*Cecropis daurica*）、普通楼燕（*Apus apus*）、灰斑鸠（*Collared*

Dove）、珠颈斑鸠（*Spilopelia chinensis*）、麻雀（*Passer montanus*）、喜鹊（*Pica pica*）、白头鹎（*Pycnonotus sinensis*）、大斑啄木鸟（*Dendrocopos major*）和红隼（*Falco tinnunculus*）等。其他动物有黄鼠狼（*Mustela sibirica*）、刺猬（*Erinaceus amurensis*）、东亚伏翼（*Pipistrellus abramus*）、壁虎（*Gekko*）、小家鼠（*Mus musculus*）和褐家鼠（*Rattus norvegicus*）等。

图 2-56　城镇生态系统景观

3

YICHENG SHENGTAI
BEIJING JINGJI JISHU KAIFAQU DE SHENGTAI HUAJUAN

北京经开区的
河流水系

3.1　北京经开区水资源概述

3.1.1　北京经开区水资源格局

北京经开区地处北运河流域，辖区内地表水资源主要涉及 7 条主要河道及 6 个较大开阔水面的城市湖泊。辖区内河道总长约 55.1 km，其中凉水河属于市管河道，在北京经开区境内长度约 19 km，属于凉水河流域；新凤河 6.1 km，凤港减河长度约 8.4 km，属于北运河流域；通惠排干渠 7 km、大羊坊排沟 1 km，小龙河长度约 2.3 km，属于凉水河流域；凉凤灌渠 11.3 km，属于凤河流域。1992 年建区之初，过境河流水质均为劣 V 类，近年来在河道治理及截污工程实施后河道水质得以改善，达到Ⅳ类或 V 类。亦庄新城地表水系规划图见图 3-1。

北京经开区地下水资源以保护为主，近四成工业用水使用再生水，万元 GDP 用水量仅为北京平均水平的 1/3，用水效率达到国际先进水平。同时北京经开区荣华街道、博兴街道等为地下水超采区内公共供水管网覆盖的区域。因此，划定北京经开区荣华、博兴等街道 100 m 以深第四系含水层组为禁止开采区 V 区，面积约 46 km²。北京经开区地质情况属于洪积冲积平原地区，为第四系沉积物。主要含水层埋深多在 25 m 以下，厚度可达 40 m。含水层以砂卵石和沙砾石等为主为多层沙砾含水层，渗透性强。渗透系数为 50 ～ 150 m/d。地表水、地下水均不作为北京经开区的城市供水（刘德军等，2019）。

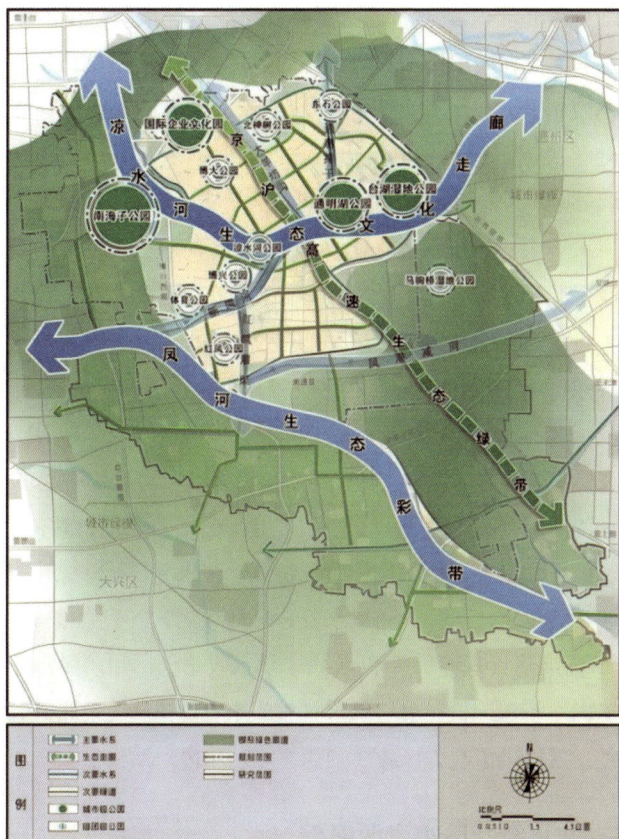

图 3-1 亦庄新城地表水系规划[1]

1 图片来源：《亦庄新城规划（国土空间规划）（2017—2035 年）》https//kfqgw.beijing.gov.cn/zwgkkfq/ghjh/fzgh/202103/t20210330_2336623.html。

3.1.2　北京经开区防洪措施

北京经开区内有 5 条过境河流作为城市排水和行洪的主要河道，这些河流在城市排水和防洪方面发挥着至关重要的作用。根据多年的资料统计，北京经开区平均年降水量为 539.4 mm，表现出年际变化大、年内集中的特点。与此同时，多年平均年蒸发量为 1 164.4 mm，其中 4—6 月的蒸发量最大，占全年的 41.9%，而冬季的 12 月、1 月、2 月蒸发量最小，仅占全年的 10.3%。

北京经开区地势低洼，位于整个北京市的行洪末端，也是两条市级主行洪河道的交汇处。这种地理位置使北京经开区极易形成洪峰，导致河水倒灌。为了应对这一挑战，北京经开区在 2004 年先后编制了《开发区防洪防涝规划》和《开发区海绵城市导则》。

在这些规划中，"外排内蓄、以蓄为本"的防洪理念被确定下来。"海绵城市"建设在北京经开区起步早、标准高，具有坚实的基础。依托北京经开区机构设置的特点，在水务、园林绿化审批中增加了相关要求，打造了涵盖水务、园林绿化、企事业单位等"全海绵"城市建设理念。不仅兼顾了雨水收集利用和防洪，还优化了区域内水资源配置。良好的洪（雨）水管理措施为北京经开区的可持续发展提供了有力保障（刘德军等，2019）。

3.1.3　北京经开区水资源保护

近年来，北京经开区一直致力于实现产业集群化、资源集约化、环境和谐化、服务专业化、管理法治化的目标，并成功吸引了来自全球各地的企业入驻。目前，已有 30 多个国家和地区的 2 300 余家企业在此扎根，其中包括 62 家世界 500 强企业的 78 个项目。

　　面对北京紧缺的水资源和经济的快速增长，北京经开区选择了发展循环经济，构筑"绿色"园区的发展之路。深知只有通过发展循环经济，才能实现水资源的有效利用，满足经济发展的需求。2006 年 3 月，北京经开区利用世界银行贷款，启动了再生水厂建设。该项目包括再生水厂工程、再生水管网工程以及远程实时监控系统 3 部分，投资约 1.6 亿元。再生水厂以北京经开区污水处理厂二级处理后的出水为源水，采用双膜法"微滤 + 反渗透"，即"MF+RO"组合脱盐工艺，深度处理后，使出水水质达到高品质再生水设计水质标准。

　　随着再生水厂一期工程 2008 年 7 月 19 日的竣工投产，每天可生产高品质再生水 1.5 万～ 2 万 m^3。二期工程建成后，日产水量将 3.5 万～ 4 万 m^3，将逐步实现再生水供应量占全区总供水量的 60% 左右的规划目标。

　　作为北京市节水示范园区，北京经开区还制定了水资源综合规划，对雨水、污水、自来水、地表水、再生水"五水"实行联调综合利用。已经建成 1 座日处理能力 5 万 m^3 的污水处理厂，正在建设 1 座口处理能力 10 万 m^3 的污水处理厂。

　　此外，为了进一步推动节水工作，北京经开区还积极推广节水型单位建设。全区共建成 130 家节水型单位，其中市级 30 家。这些单位在用水管理、设备改造、技术创新等方面都取得了显著成效，为北京经开区节约水资源、保护环境做出了积极贡献。[1]

---

1 北京经济技术开发区水资源循环利用见成效 [J]. 北京水务 , 2008(5): 4.

3.2　北京经开区的主要地表水

3.2.1　凉水河

凉水河水系位于北京市的南城地区，是北京市的重要水系之一。它的干流发源于石景山区，流经多个区（海淀区、西城区、丰台区、大兴区、朝阳区、北京经开区、通州区等），最终在通州区汇入北运河，总长 68.41 km，流域面积 629.7 km² （王助贫等，2018；王贺然等，2017；王绍斌等，2005）。凉水河历史上曾是永定河的故道，据《明一统志》记载，凉水河的旧源头为水头庄（北京市丰台区），因其源头之水全部来自地下泉水且水温较低而得名。旧时此地为湿地，芦苇丛生，泉源众多，曾名"百泉溪"。凉水河景观见图 3-2。

图 3-2　凉水河景观

20 世纪 90 年代后期，随着北京城市建设的加速，水系流域内的建设区面积不断扩大，导致地表径流发生了显著的变化，同频率洪水流量大幅增加。根据《北京市防洪规划》中"西蓄、东排、南北分洪"的策略，凉水河干流在城市防洪体系中扮演着"南分洪"的重要角色（王东黎等，2003）。其中，凉水河干流作为南部分洪的重要通道。当北京城市西部上游发生较大洪水，西南护城河的流量超过一定限度时，为确保城市防洪安全，需要启动南护城河右安门分洪闸，将洪水紧急分流至南部凉水河。因此，河道行洪能力的不足对城区的防洪安全构成了严重威胁（王绍斌等，2005）。且凉水河当时是城市的主要排污河道，由于上游城市生活和生产废水的排放，导致河水水质恶化，底泥受到污染，使河水常年散发出臭味。当时凉水河水质为劣 V 类，北京市主要河流干线曾有 469 个污水口，凉水河流域占 86 个，北京市民对此强烈不满，要求进行彻底治理。北京市政府 2002 年对河段下游的北京经开区河段进行了治理和绿化，2003 年对上游的人民渠、新开渠西四环路以上段进行了清淤治理。并在 2004 年决定全面整治凉水河，将其列为为群众生活拟办的 56 件实事之一（王助贫等，2018；工绍斌等，2005）。凉水河边的狼尾草群落见图 3-3。

图 3-3　凉水河边的狼尾草群落

　　经过 20 年的治理，到 2021 年，凉水河亦庄段实现了水清岸绿。凉水河北京经开区段（亦庄）已成功入选全国首批 17 个国家级河湖示范段，是北京市唯一的全国河湖示范段[1]。其中，较为亮点的开发区凉水河滨河景观河道绿化工程形成了目前凉水河亦庄沿岸的

---

1 水体底泥洗脱技术助力北京凉水河生态恢复 [J]. 中国水利, 2020(6): 70.

人工湿地。项目位于北京经开区凉水河河道荣昌西街桥—康定桥跨凉水河桥的南岸。是由北京经开区基建办公室规划建设，北京市市政工程设计研究总院设计的综合性湿地公园。该工程作为北京经开区凉水河河道改造的核心部分及重点民生项目，设计理念遵循"因地制宜、追求美观、确保安全、兼顾蓄排"的原则。通过这种方式，凉水河沿岸被塑造成为一个集水体净化与生态景观于一体的多功能生态人工湿地。此工程不仅有助于环境保护，还最大限度地发挥了工程的社会效益、经济效益和环境效益（张涛，2012）。

2021 年冬季，在北京经开区生物多样性调研项目中，从亦庄凉水河公园起向东 10 km 的河道内，发现 43 种鸟类，其中小鸊鷉达到千余只。凉水河水质清澈见底，长了不少潜水植物，深度一般在 20 ~ 50 cm，特别适合雁、鸭等水鸟生活，河里的植物、小鱼、小虾也能成为它们越冬的食物。凉水河边的常见植物见图 3-4 ~ 图 3-6。

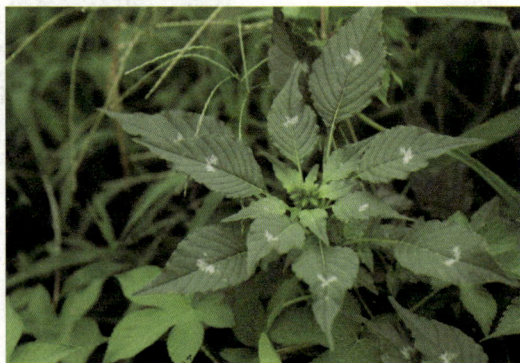

图 3-4　刺苋 *Amaranthus spinosus*

图 3-5　苦苣菜 *Sonchus oleraceus*　　图 3-6　皱果苋 *Amaranthus viridis*

凉水河在原亦庄地区长度约 7.5 km。2019 年北京市委决定调整管理体制，由北京经开区统一规划和开发建设亦庄新城，规划面积 225 km²。自此凉水河在北京经开区辖区内长度约 19 km，西起"旧宫德林园社区东侧"，向东南方向延伸至亦庄新城滨河公园后，向东北方向至"京津高速样田桥"为止。凉水河北京经开区段见图 3-7。

图 3-7　凉水河北京经开区段

近年来，随着北京经开区不断加大生态建设投入，凉水河北京经开区段成功获得全国首批"示范河湖"称号，成为华北地区的唯一代表[1]。同时凉水河是北京经开区辖区内最重要的生态廊道之一，辐射众多生态节点，是鸟类迁徙、城市野生动物栖息的重要湿地型廊道。特别是冬季，数十种不同类型的游禽、猛禽、涉禽在此停留栖息，吸引了北京地区大批的鸟类观测爱好者。因此，凉水河也是北京经开区生态文明建设的重要窗口与支柱。

3.2.2　新凤河

新凤河属于北运河水系凉水河支流，原名碱河，后经河道治理及建设改名新凤河。新凤河西起于大兴区李营闸（兴旺路与新凤河交汇处东侧），李营闸西侧仍名碱河并向西汇入永定河灌渠。自李营闸起，新凤河向东经过 5 座闸、17 座桥，经过烧饼庄闸（中型节制闸）后，在亦庄新城滨河森林公园处汇入凉水河。整体河段途经大兴区，是重要的防洪排水、风景观赏河道。全长约 30.1 km，流域总面积 约 166.4 km²，最大设计流量 135 m³/s。其中，北京经开区段西起新凤河与青年渠交汇处，东至凉水河，全长约 6.1 km。新凤河是北京市"三环水系绕京城"（北京为防治城市内涝而开启的中小河道治理工程）中"水三环"的主要组成部分，也是连通北京市南部城区（大兴、亦庄、通州）的重要生态廊道[2]。

新凤河改造前被市民戏称"蚊子河"。2015 年，北京市水务局组织了全市黑臭水体判定工作并形成了《北京市黑臭水体判定成

---

1 北京经济技术开发区介绍：https://kfqgw.beijing.gov.cn/zwgkkfq/yzxwkfq/202307/t20230727_3208233.html。

2 新凤河：美丽的蜕变——北京市大兴区水务局 [J]. 北京水务，2020(4): 10-11.

果》，其中新凤河共有 6 段水体被判定为黑臭水体（张敏，2023）。2017 年，北京市统筹规划启动新凤河流域综合治理项目，项目采用公私合营模式，由政府与社会资本共同参与建设。通过"排、蓄、净、用"的污染控制体系清淤 54 km，新建污水站 3 座、污水管网 24 km、再生水线路 23.7 km，实现截污能力 2.8 万 t/d。同时在新凤河沿线构建了"郊野田园生态"和"新城滨水休闲"两种绿道。且在实施过程中注重生态保护与恢复，遵循"因地制宜、生态优先"的原则，尽量保留原有植被，增加生物多样性。

在原自然河流的基础上，依托规划蓝线及相邻的公园和其他可利用的规划绿地绿线，形成贯穿大兴区北部东西走向的生态绿道。其中，大兴区域以城市型绿道为主，与亦庄新城连接的河道两岸以郊野生态型绿道为主，最终形成了"城市型绿道 + 郊野型绿道"的格局。新凤河绿道的建设有效提升了北京南部城区的整体生态环境，促进了区域协调发展，打造了城市与乡村相融合的绿色发展示范区。不仅为市民提供了一处休闲健身的好去处，还加强了城乡联系，推动城乡一体化进程（张敏，2023；范思思等，2014）。

新凤河景观见图 3-8 ～图 3-10。

图 3-8　新凤河景观 1

图 3-9　新凤河景观 2

图 3-10　新凤河景观 3

3.2.3　小龙河

　　小龙河位于北京市南部城区，东西走向，地跨北京丰台区、大兴区、北京经开区，属于凉水河支流。其地表明河道全长约 8.9 km，其中北京经开区段长约 2.3 km，总体河道宽度为 6～35 m。小龙河东部与凉水河相连，向西南延伸至南苑路，后向西北转向，最终止于槐房西路，转入地下暗渠，进入北京排水集团槐房再生水厂。其中，北京经开区段属于凉水河至德贤路区间的河道。

小龙河属于城区排洪河道，曾因长期淤泥沉积与周边排污而形成黑臭水体。"十二五"期间，丰台区水务局曾对小龙河进行清淤治理（冯双元，2016；唐亚丽，2016），共清淤 6 541 m³，新建污水截污管线 2.7 km，将周围污水输送至小红门再生水厂处理。后因沿岸检查井破损，导致生活污水再次污染小龙河。后经 2018 年综合整治，如今小龙河水质达到地表景观水的水质标准 [1]。

3.2.4　凤港减河

凤港减河位于北京市东南部郊区，东西走向，地跨北京经开区、大兴区、通州区。北京境内河道长度约 38 km，流域面积约 205 km²。其中，北京经开区长度约 8.4 km。凤港减河是 20 世纪 60 年代开始建设的一条分减洪水的排水河道，其西起凤河青云店段，东至军屯闸管理所，连接港沟河（南北走向），过军屯闸后继续东延汇入北运河。因其主体连接凤河、港沟河故名凤港减河（何凤娟等，2019）。

近年来，凤港减河河道淤积严重，过流能力不足，不能满足防洪排水要求。且河道沿岸私搭乱建现象严重，部分河段被垃圾填埋，河坡种植作物，致使河道被侵占、挤占，河道断面缩窄，进一步加剧了河道的排水压力。河道存在较多随意向河道内排放污水现象，

---

1 北晚在线 . 围治污水，北京小龙河有望还清，用了什么高招？北晚新视觉网 , 2018-04-18.

致使河道内大部分水体发臭、变色，主要污染物为有机物，氮和磷均超劣 V 类标准（郭旋等，2018）。

2019 年港沟河治理工程（凉水河—凤港减河，凤港减河—市界）获批，上段治理范围为凉水河右堤许各庄闸至凤港减河，下段治理范围为军屯闸至市界[1]。凤港减河经过近 3 年综合整治，通过河道的开挖疏浚、岸坡防护、阻水水闸拆除、排涝泵站建设等手段，实现防洪功能达到 20 年一遇标准，有效化解了区域内涝风险[2,3]。工程完工后，港沟河逐渐恢复河湖生物群落，形成滨水空间，构建起健康和谐的河滨生态系统。凤港减河景观见图 3-11。

图 3-11　凤港减河景观

图片来源：北京市大兴区融媒体中心。

---

1 通州区发展改革委. 港沟河治理工程（凉水河—凤港减河，凤港减河—市界）获区发展改革委批复. 北京市通州区人民政府. 2019-10-14.
2 冯维静. 副中心再添一条景观河. 北京通州官方公众号. 2023-10-08.
3 通州水务工程事务中心. 港沟河治理工程顺利完工，计划明年正式运营. 通州水务官方公众号. 2023-10-23.

3.2.5　大羊坊排沟

大羊坊排沟位于北京市东南城区，是一条自西北至东南流向的城市防洪排水渠。分为明渠和暗渠，暗渠起自朝阳区左安门附近，连同南护城河。其地表明渠部分起自朝阳区大洋路批发市场以南，在南五环大羊坊桥北分支，一条向西流入镇海寺郊野公园，另一条向东南进入北京经开区，在京沪高速西侧转为暗渠，并最终汇入凉水河。大羊坊排沟明渠部分全长为 6.1 km，平均宽度为 10 m，其中北京经开区部分长度为 1 km。

大羊坊排沟是凉水河流域中一条较大的支流，主要功能为北京市中心向凉水河泄洪，设计标准为 20 年一遇洪水的河道断面规格，暗沟尺寸为 1 孔（5.5 ~ 7.5 m）×3.5 m。1992 年，北京经开区启动建设时，大羊坊排沟以南五环路为界，五环路以北的朝阳区部分称为大羊坊排沟"上段"，五环以南称为"下段"。由于大羊坊排沟"下段"京沪高速两侧地势较低洼，同时下游凉水河洪峰时峰位较高的问题，可能造成洪水倒灌。因此在北京经开区建设时综合考虑了"海绵城市"思想和水系修复理念。通过降低河道规划洪水位、利用防护绿地作为蓄涝区用地、修建节制闸等措施，降低大羊坊排沟洪水位，防止凉水河洪水位较高时洪水倒灌，同时解决了周边地区雨水无处安置的问题（宋万祯等，2023）。

由于大羊坊排沟"上段"部分紧邻或穿越城市建设区，多年来城市生活污水经常直接排入河道，造成水质恶化的现象，导致周边市民不满。大羊坊排沟"上段"底宽 2 ~ 3 m，上口宽 7 ~ 8 m，河道内淤积严重，导致河道防洪现状不足，汛期雨水过流能力严重不足，不能满足规划要求。2017 年起，北京市实施了河道治理、污水截流、河岸景观绿化、建筑物改造及周边环境建设等生态治理工程，共治理河道 5.09 km，以疏挖、清淤、新建生态护岸等工程为主，显著提高了河道行洪能力和排水能力，改善了区域水环境，保障周边地区稳定发展，具有良好的社会效益（毕东华等，2018）。

3.2.6　通惠排干渠

北京通惠排干渠主体以南北向贯穿北京市东南部城区，途经北京经开区（原通州区地块）及朝阳区。通惠排干渠北起高碑店水库，南至通明湖公园汇入凉水河。全长约 17.2 km，其中北京经开区段长约 7 km。北京经开区段北起马家湾湿地公园，与东西走向的萧太后河交汇，交汇口向西至西大望路与弘燕路交叉口"萧太后河源头广场"，向东延伸并最终并入凉水河。

通惠排干渠是通惠河的城市排洪水道，其起点高碑店水库位于北京著名的千年古村高碑店，高碑店是元代著名的漕运码头，是当时重要的皇家物资集散场，经济繁荣。高碑店水库连接了通惠河南北两岸，其中高碑店村北口桥西有一处重要的运河遗迹"平津闸"，始建于元代至元二十八至二十九年（1291—1292 年），当地老一辈人俗称为"老闸口"，这里岸边至今仍然保存有一座平津闸上闸的闸槽、绞关石。通惠河挖建于元代，是京杭大运河的首段，南方的漕运船通过此运河可直抵元大都。通惠河如今是朝阳区主河流，其自高碑店水库起向西经过四惠、东便门桥、左安门汇入北京南护城河，最终达到积水潭、后海等成为大运河起点。往东至北运河，全长 20 多 km。是北运河水系重要组成，元代时称为金水河（也称大通河），明代后改称"御河"，近代曾用名"通济河"（秦隆等，

2023；张诗阳等，2022；张迟，2011；胡忙全等，2008；李红艳，
2008；）。

　　通惠河灌渠曾一度污染严重，2018 年北京经开区段居民反映一
下雨灌渠就变牛奶河（赵璇等，2018），也曾上过《全国地级及以
上城市黑臭水体名单》，后经北京市持续循环实施的"三年治污行
动"根治河道"顽疾"行动，通过截污、治污、清淤，最终实现了
主要河道的水清岸绿（吴婷婷，2022）。同时，通惠排干渠两侧众
多建筑也在积极响应"海绵城市""韧性城市"的实践。如北京经
开区汀塘家园小区通惠排干渠一侧的街道绿化，实现了绿化优先的
雨水有组织排放，利用高差地利使绿化用水、雨水在优先浇灌后渗
滤到排干渠中，在防洪的同时实现了"海绵城市"的雨水吸纳。
此外，北京经开区还在通惠河灌渠、凉水河等沿岸实施了公共文化
空间布局，打造了宜阅、宜展、宜聚的文化体验空间，为企业和居
民提供"书香文化带"，形成了复合式文化活动空间，推动了生态
与经济发展的正向融合（蒋科平等，2021）。

3.2.7　凉凤灌渠

　　凉凤灌渠流经北京经开、大兴区、丰台区，是北京南部城区
重要的引水灌渠，属于新凤河流域（王大成，2020），设计拦蓄 124
万 m³（薛燕等，2005），其目前的主要任务是城市生态补水等。
凉凤灌渠地表明渠北起大兴区德贤路与庑殿路交叉路口往西北约
180 m，向东南延伸与小龙河交汇后，继续南延穿过南五环，在南
海子公园三期西南侧水闸后分叉，向东直流为南海子公园补水，向
南直流则在红星医院西侧向西南转向，后自黄亦路继续南延至凤河

及新凤河为止。地表明渠全长约 13.2 km，大部分流域位于经开区辖区约 11.3 km，河道宽度为 10 ~ 25 m，平均宽度约 11 m。凉凤灌渠修建于 20 世纪 50 年代[1]，主要为农业灌溉需要，因连接凉水河（丰台区段）与凤河（大兴区南中轴路以东段）故得名"凉凤灌渠"，后随着北京市水资源一度枯竭而失去灌溉功能。

20 世纪 90 年代至 2000 年后由于城市城乡矛盾及疏于管理，凉凤灌渠周边大量污水及生活垃圾排入河道，周边居民戏称其为"龙须沟"（陈荞，2010）。自 2010 年起，丰台区政府下决心整治凉凤灌渠，通过清污、重建、改造等工作，使凉凤灌渠告别"龙须沟"，恢复了城市湿地的生态功能，彻底解决了其周边环境问题。同时整治工程沿灌渠新建了雨水、污水管线，可实现雨污分流，有效解决了该地区的积水问题[2]。2022 年，在南苑地区的战略规划中，南苑湿地公园战略留白 94.45 hm²，南苑路两侧划定为一级重点功能区，其中凉凤灌渠沿岸地区划定为滨水地区，未来将打造成环境优美、文化特色突出的生态滨水空间（孙颖，2022）。

3.2.8 红凤灌渠

红凤灌渠是北京市大兴区一条具有重要历史意义的地表灌渠。此灌溉水渠上游自红星公社起，下游至凤河营村，取两地名的首字，故名"红凤灌渠"，是大兴区曾经的骨干灌渠之一。红凤灌渠（大兴段）起点屈庄闸，终点入通大边沟，流经青云店镇、长子营镇，全长约 12.45 km。目前，红凤灌渠已基本废弃，只留有部分残余

---

1 丰台公布今年拟办实事　方庄等地老旧小区今年整治 [N]. 北京晚报，2010-03-15.
2 凉凤灌渠开工治理 [N]. 丰台报，2010-07-07.

河道。红凤灌渠修建于 1969 年，大兴区红星公社为了农业灌溉人工修缮的一条自流水渠。分为两部分，第一阶段 1969 年自牛坊以西修到红星农场，第二阶段 1978 年自牛坊向南穿采育到凤河营，自此连通了红星农场至凤河营。红凤灌渠修建的年代工程技术较落后，灌渠的挖建过程属于两侧取土直接修起来，没有人工护坡设施，因此它也是本地区历史上的重要湿地，具有重要的历史生态价值。到20 世纪 80 年代，因为水价大幅增长，大兴区本地水稻种植面积也逐步减少，红凤灌渠逐渐废弃。目前，李府（李家务）以西部分区域还仍然保留着红凤灌渠的痕迹。

3.3　北京经开区的主要城市湖泊

3.3.1　南海子公园湿地

南海子公园湿地是北京市大兴区南海子公园（现属北京经开区）的人工湖泊湿地，总面积约 75.085 hm²。南海子公园建设分为三期：其中，一期工程 2010 年 9 月初步建成并对外开放，共形成湿地约27.696 hm²；二期工程于 2016 年开工、2019 年 7 月竣工并开放，于 2018—2019 年共形成湿地约 42.863 hm²；三期工程于 2018 年开工，目前已基本建设完成，还未正式对外开放（2024 年 1 月）。已于2018 年建设初期形成湿地约 4.526 hm²。

目前，南海子公园一期湿地已被官方命名为"鹿鸣海"，二期被命名为"雁影海"，三期未正式命名。经过多年经营，目前南海子公园湿地已成为北京南部城区重要的鸟类驿站，每年春、秋迁徙季节在二期的开阔水面都会经停大批雁鸭类候鸟群。特别是 2022 年，我国分布的 3 种天鹅——大天鹅、小天鹅、疣鼻天鹅第一次在二期湖面齐聚，二期的开阔水面也被民间爱鸟人士起名为"天鹅湖"。

图 3-12～图 3-14 分别为南海子公园湿地景观变迁（2009—2017 年）、南海子公园湿地景观、南海子公园的主要植物。

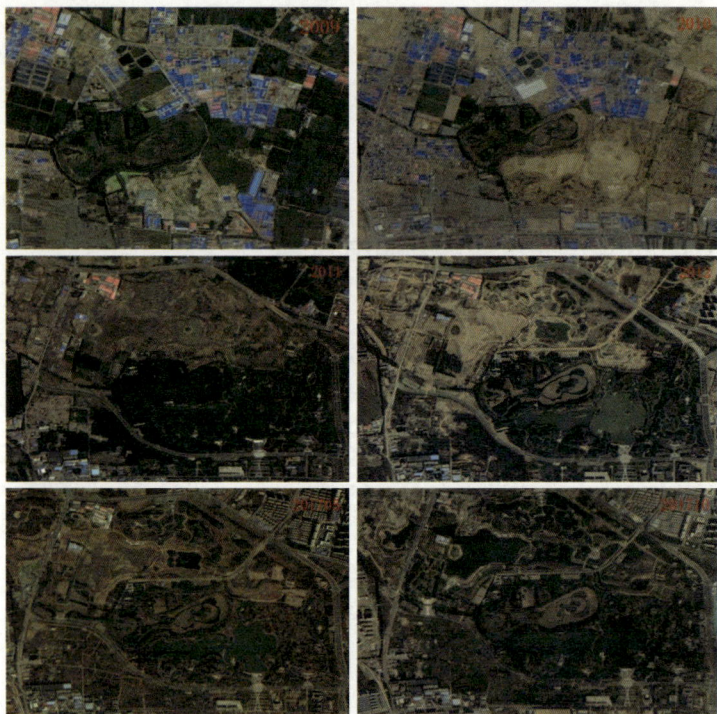

图 3-12　南海子公园湿地景观变迁（2009—2017 年）

图 3-13 南海子公园湿地景观

掌叶多裂委陵菜 *Potentilla multifida* Linn.

梓树 *Catalpa ovata*

绣球小冠花 *Coronilla varia*

藤长苗 *Calystegia pellita*

金鸡菊 *Coreopsis basalis*

锦带花 *Weigela florida*

白茅	三棱草
Imperata cylindrica	*Cyperus rotundus*

图 3-14 南海子公园的主要植物

3.3.2 麋鹿苑湿地

麋鹿苑湿地位于北京市大兴区南海子麋鹿苑的麋鹿保护区内（现属北京经开区），属于人工表流湿地，总面积约 8.973 hm^2。麋鹿苑表流湿地修建于 2007—2008 年，在此前保护区内只有为麋鹿修建的饮水池塘。为了解决麋鹿苑麋鹿长期存在的饮水问题，2007 年在北京市财政支持下麋鹿苑启动了再生水恢复麋鹿苑湿地生态系统项目，修建了环绕麋鹿保护区的表流湿地及西侧潜流湿地。自此恢复了麋鹿苑内麋鹿赖以生存的湿地生境，也为地区野鸟提供了丰富的城市湿地生态系统（图 3-15～图 3-17）。

麋鹿苑内的科普教育区、交互式科普设施和以生态保护为主题的艺术品，传承着鲜活的生态文明思想。行走在麋鹿苑里，一步一景，步移景异，这里充满巧思、意蕴丰富的户外展览，令麋鹿苑成为进行生物多样性与环境保护科普教育的绝佳场所。

图 3-15　麋鹿苑湿地景观变迁（2002—2021 年）

图 3-16　立秋时的麋鹿苑　　　　图 3-17　湿地中的麋鹿

3.3.3　通明湖

　　通明湖位于北京市通州区荣华街道经济技术开发区科创十七街与经惠西路交口西 200 m（现属北京经开区），通明湖公园内。属于人工湖泊湿地，主湖面积约 27.375 hm²。通明湖公园修建于 2011—2012 年，正式开放时间为 2019 年 9 月 30 日。通明湖的湿地形成于 2012 年，经过多年积累，已形成了北京经开区内规模较大的水鸟聚集地。湖面上不仅有 3 个人工孤岛，还设有多个人工浮岛，为鹭类等涉禽及各类游禽提供了适宜的栖息环境。通明湖常见的鹭类有白鹭、中白鹭、大白鹭、夜鹭、牛背鹭、苍鹭、池鹭、白琵鹭等，是北京市民"观鹭"的好去处。

图 3-18～图 3-20 分别为麋鹿苑湿地的主要植物、通明湖景观变迁（2010—2012 年）、通明湖的主要植物。

图 3-18　麋鹿苑湿地的主要植物

图 3-19　通明湖景观变迁（2010—2012 年）

风花菜
Rorippa globosa

鸡冠花
Celosia cristata

芦竹
Arundo donax

莲
Nelumbo nucifera

柳叶马鞭草
Verbena bonariensis

长叶车前
Plantago lanceolata

图 3-20　通明湖的主要植物

3.3.4　旺兴湖

旺兴湖位于北京市大兴区旧宫中路旺兴湖公园内（现属北京经开区），湖面面积 2.293 hm^2，属于人工表流小微湿地。旺兴湖公园修建于 2003—2008 年。其中人工湖面形成于 2008 年。旺兴湖湿地规模较小，但仍吸引了夜鹭、小䴙䴘等部分水鸟前来栖息。旺兴湖景观变迁（2002—2021 年）见图 3-21。

图 3-21　旺兴湖景观变迁（2002—2021 年）

3.3.5　亦庄企业文化园清水湖

亦庄企业文化园清水湖位于北京市大兴区文化园西路 8 号院国际企业文化园内（现属北京经开区）。整个园区分东西两园，清水湖于荣华北路地下穿过。清水湖属于人工表流湿地，湖水总面积约 11.469 hm^2。亦庄企业文化园（一期）规划于 2001 年，2002 年 1 月

9 日，《关于北京经济技术开发区国际企业文化园（一期）项目建设书（代可行性研究报告）》获批复开始建设，同年 5 月 16 日正式开放。后随着北京经开区建设发展，又形成了西区（二期），并于 2007—2008 年达到现在的规模。其中，东区水面形成于 2002 年建设之初，西区水面形成于 2004—2005 年。亦庄企业文化园清水湖景观变迁（2002—2009 年）见图 3-22。

图 3-22　亦庄企业文化园清水湖景观变迁（2002—2009 年）

3.3.6 亦庄调节池

亦庄调节池位于北京市大兴区亦庄镇三海子东路临 1 号南水北调东干渠管理处内。东干渠管理处是北京市南水北调工程建设委员会办公室下属的全额拨款公益一类事业单位，主要负责南水北调东干渠工程运行期的运行管理，相关设备的调试、运行、维护、保养、沿线巡查、监测、辖区内水资源保护与配置、维护，汛期防汛抢险等水务工作。作为南水北调北京段配套工程，亦庄调节池地表水源面积为 55.731 hm²，是北京地区供应水源的重要水利设施，也是北京核心城市内一级水源保护区。亦庄调节池开始建设于 2011—2012 年，一期调节池水面积约 12.515 hm²，二期水生态景观提升工程开始建设于 2017 年，于 2020 年 6 月形成湖面 43.216 hm²。生态景观提升工程通过打造一池三岛、建设环湖"绿廊"、增加水生植物等措施，进一步保障水源地水质。目前，亦庄调节池已成为周围鸟类的重要栖息地之一，聚集了大量湿地鸟类。

图 3-23 ～图 3-26 分别为亦庄调节池景观变迁（2002—2009 年）、冰水交界处的大群绿头鸭、水泥墩下晒太阳的鸳鸯、休憩中的普通秋沙鸭。

图 3-23　亦庄调节池景观变迁（2002—2009 年）

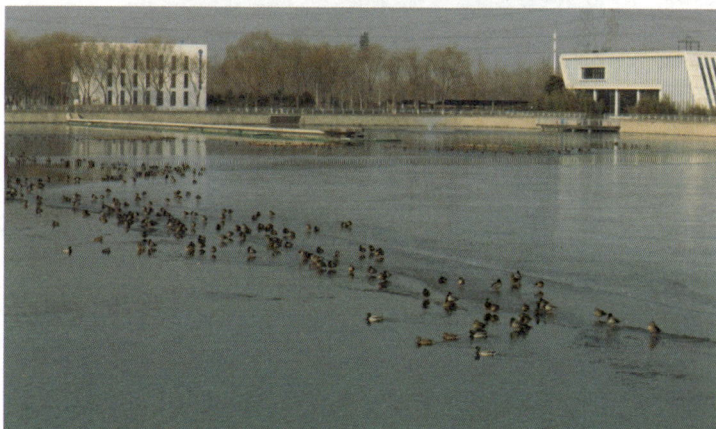

图 3-24　冰水交界处的大群绿头鸭（钟震宇 / 摄）

图 3-25　水泥墩下晒太阳的鸳鸯（钟震宇 / 摄）

图 3-26　休憩中的普通秋沙鸭（钟震宇 / 摄）

4

北京经开区的主要公园和生态景观

　　北京经开区拥有许多的优质公园，大型生态公园包括南海子公园、麋鹿苑、通明湖公园；中大型城市公园包括亦庄国际企业文化园、博大公园、旧宫城市森林公园、旺兴湖公园、五福堂公园；小型城市公园包括亦庄新城滨河公园、海子墙公园、梧桐公园、乐跑公园、亦新公园、金马公园、红星集体农庄纪念公园、亦庄公园、市民公园、兴海公园等；主题功能型公园包括瀛海足球主题公园、瀛海体育运动公园、瀛海休闲公园、安南湿地环保主题公园、逸龙星足球体育公园、金茂悦健身公园、阡陌风韵城市田园带型休闲公园、体育公园等；小微街心公园包括米拉公园、中奥通宇公园、博河产业公园等（图4-1）。

图4-1　北京经开区的主要公园

4.1 大型生态公园

4.1.1 南海子公园

南海子公园处在大兴新城、亦庄新城与中心城区之间，北京城南中轴线上，被列为"燕京十景"之一，是北京最大的湿地公园。这里春有"万枝花节"，夏有"湿地鹿鸣"，秋有"南囿秋风"，冬有"猎苑冬雪"。在这里随处可见的水域周围，各种花卉在阳光下绽放,鸟儿在湖水中畅享自然,公园重点建设湿地景观、皇家文化、麋鹿保护、生态休闲等功能区，使之与北部奥运文化、中心城历史文化遥相呼应（图4-2）。

图 4-2　南海子公园大门

（1）南海子的发展历史

在历史上，南海子是辽代、金代、元朝、明朝和清朝的皇家别院。南海子位于永定河冲积扇前缘，距离北京城南约 10 km，在古代形容南海子为"地势沮洳""潴以碧海""湛以深池"，被形象地称为川汇之地。"海子"这个名字始于隋唐，我国北方蒙古等内陆少数民族地区对较大的低洼水汇之处便称为"海子"，元世祖忽必烈建元大都后，"海子"这个称呼流传到中原北方地区。明代的积水潭被称为北海子，相对而言便有了南海子这个名称。

在明清时期，由于南海子独特的地理位置，南海子充分体现了重要的城市功能。南海子是明清时期北京城的重要组成部分，为保障北京城的安全和发展及储备资源功能上发挥了巨大的作用。由于得天独厚的自然条件，南海子成为北京城的"自然之肾"，在蓄洪防旱、涵养水源及生态净化等方面起到了举足轻重的作用。

20 世纪 80 年代，由于北京市城市扩建，在南海子取土，于是形成了北京最大的垃圾坑。一时间南海子地区成为北京市一处面积庞大的生活垃圾和建筑垃圾非正规填埋场，废水横流，垃圾成山，周边空气、土壤和地下水都受到污染。

2009 年开始，北京市按照生态保护的规划要求，将城南行动计划提上日程，对南海子地区的废弃地、垃圾场、水体、土壤进行整体生态整治，采用挖湖堆山、引水入园、植树种草、再现文化等方式进行景观再造与生态更新，重点建设了湿地景观、生态休闲等功能区，突出历史文化特色，将几十年来的垃圾填埋于 25 m 的地下，植树造林，建设湿地[1]。

---

1 南海子公园：既是动物园也是植物园.绿化与生活.北京市园林绿化局风景区处主办。

（2）南海子公园的生态资源

南海子公园是北京最大的湿地公园，自然生态环境十分优美，气候宜人，绿化覆盖率相对较高，生物多样性十分丰富。由于南海子公园地处五环外，所在区域周边人口密度相对较小，公园内没有养殖场及大型的污染企业，因此南海子公园的水体状况相对良好。南海子公园优美的生态环境，吸引了周边企业来此进行党建教育、团建活动，北京市众多中学、小学选定此公园为科普教育基地。

南海子公园生长了众多湿生植物和沼生植物，这样有利于恢复南海子公园的湿地景观，形成良好的美学价值（图4-3）。这些植物有利于净化水体污染，为水生动物提供了良好的生活环境，同时对于实现湿地生态系统的自我循环产生了积极的影响。南海子公园在湿地植物的选择上也考虑了植物多样性的配置原则。

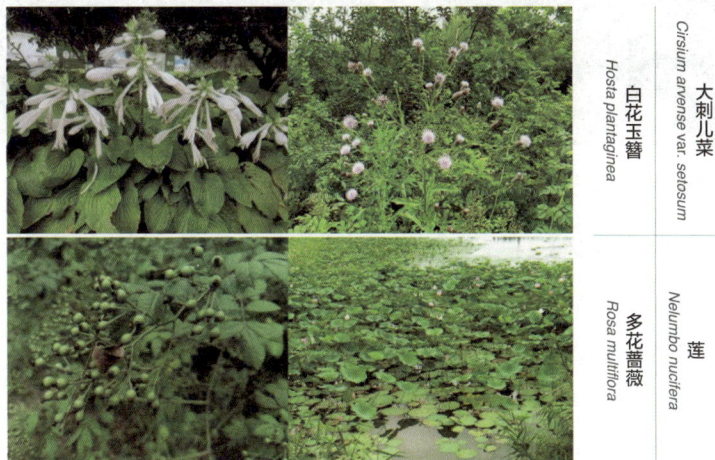

白花玉簪 *Hosta plantaginea* ｜ 大刺儿菜 *Cirsium arvense var. setosum*

多花蔷薇 *Rosa multiflora* ｜ 莲 *Nelumbo nucifera*

图4-3　南海子公园的植物

在自然景观生态资源方面，南海子公园的麋鹿苑建设遵循着"保护生态、自然和谐"的原则，着力维护北京南海子附近地区的物种多样性及维持生态系统的平衡发展，以独特的生物环境以及独具特色的湿地景观为核心进行规划建设。南海子公园在自然景观的规划设计上，充分体现了生态学原理以及生态保护的核心理念。

南海子公园的生态旅游资源比较丰富，物种资源主要有鸟类81种，乡土植物206种，小型哺乳动物38种，此外，还有人文景观25处。其中，最具特色的当属麋鹿，这也成为很多游客来此公园游玩的最主要原因之一。而这些丰富的生态旅游资源也具有一定的科考价值、生态科普价值、艺术观赏价值，以及一定的历史文化价值。图4-4为南海子公园的"天鹅湖"。

图4-4 南海子公园的"天鹅湖"（潘清泉／摄）

4.1.2 麋鹿苑

麋鹿苑位于元、明、清三朝皇家猎苑的核心，全名为北京麋鹿生态实验中心，是隶属北京市科学技术研究院的科研科普公益单位，成立于1985年，又名北京生物多样性保护研究中心、北京南海子麋鹿苑博物馆（简称麋鹿中心），占地面积约53.33 hm²，主要从事国家一级保护动物麋鹿的相关科学研究和北京地区生物多样性的调查、监测、评估和科普教育工作（图4-5）。

图4-5　静谧的麋鹿苑（白加德／摄）

麋鹿中心自2006年开始苑内生物多样性的监测工作，并于2014年10月起，设立国家级陆生野生动物疫源疫病监测站，对麋鹿苑内野生动物疫源疫病及生物多样性情况进行监测、记录、上报，形成年数据库。为扩充本底数据，2022年在野生动物多样性持续监测的基础上又开展了植物、微生物监测。

动物方面：2022年监测的野生动物以鸟类为主，鸟类监测总量约134.35万余只次，涉及18目43科92属170种；监测到陆生野生兽类动物有东北刺猬（*Erinaceus amurensis*）（图4-6）、东亚伏翼（*Pipistrellus abramu*）、黄鼬（*Mustela sibirica*）、褐家鼠（*Rattus norvegicus*）、小家鼠（*Mus musculus*）、蒙古兔（*Lepus tolai*）共6种；监测到两爬类动物有中华蟾蜍（*Bufo gargarizans*）、金斑侧褶蛙（*Pelophylax plancyi*）（图4-7）、中华鳖（*Trionyx sinensis*）、无蹼壁虎（*Gekko swinhonis*）、白条锦蛇（*Elaphe dione*）、虎斑颈槽蛇（*Rhabdophis tigrinus*）、巴西彩龟（*Trachemys scripta*）共7种。

图4-6 东北刺猬 *Erinaceus amurensis*（Terry Townshend/ 摄）

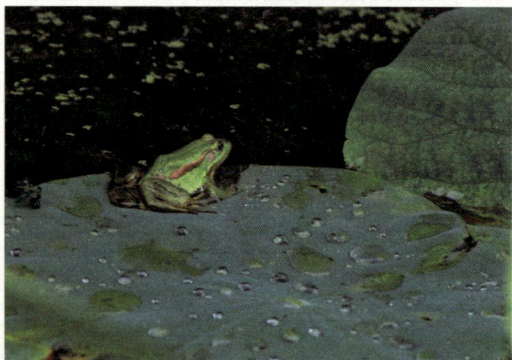

图4-7 金斑侧褶蛙 *Pelophylax plancyi*（钟震宇 / 摄）

植物方面：2022 年在麋鹿苑区域调查发现，裸子植物 3 科 7 属 12 种；被子植物 70 科 190 属 266 种，其中，双子叶 61 属 156 属 223 种，单子叶植物 9 科 34 属 43 种。栽培植物有 136 种，野生植物 142 种，分别占 48.92% 和 51.08%，说明麋鹿苑栽培植物种类占比很高。乔木种类（包括小乔木）有 62 种，灌木种类有 38 种，草本种类有 178 种，分别占总种类的 22.30%、13.67%、64.03%，草本植物种类占优势（图 4-8）。

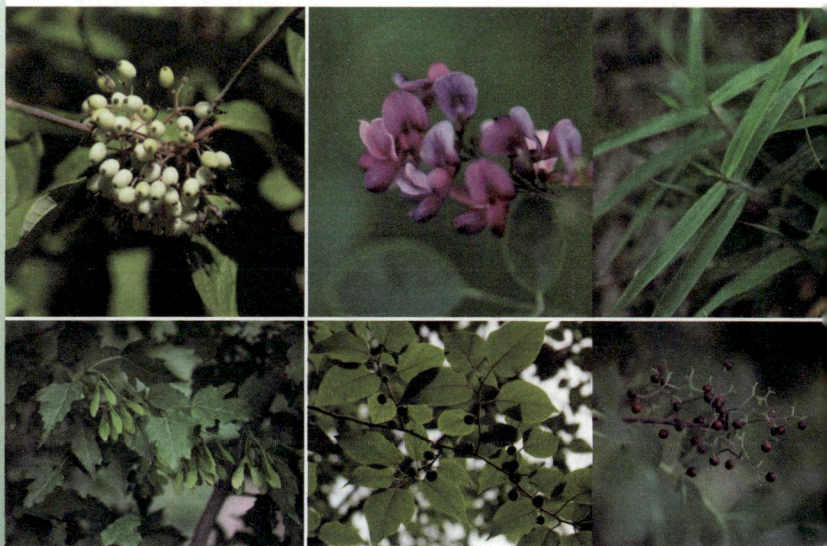

红瑞木 *Cornus alba*	二色胡枝子 *Lespedeza bicolor*	北京隐子草 *Cleistogenes hancei*
茶条槭 *Acer tataricum* subsp. *ginnala*	构树 *Broussonetia papyrifera*	接骨木 *Sambucus williamsii*

图 4-8　麋鹿苑的植物

  监测区有部分保护植物，均为栽培种。其中国家级保护植物有 2 种：国家一级保护植物 1 种，即人工栽培的银杏（*Ginkgo biloba*）；国家二级保护植物 1 种，即野大豆（*Glycine soja*）。另外，还有北京市二级重点保护植物 5 种，即人工栽培的青杆（*Picea wilsonii*）、华北落叶松（*Larix principis-rupprechtii*）、青檀（*Pteroceltis tatarinowii*）、二月兰（*Orychophragmus violaceus*）、胡桃楸（*Juglans mandshurica*）、青花椒（*Zanthoxylum schinifolium*）、流苏树（*Chionanthus retusus*）等。另外，还发现藤本植物马㼎瓜（*Cucumis melo* var. *agrestis*），属于北京市、河北省的新纪录种（图 4-9）。

野大豆 *Glycine soja*	青杆 *Picea wilsonii*	二月兰 *Orychophragmus violaceus*
	胡桃楸 *Juglans mandshurica*	流苏树 *Chionanthus retusus*

图 4-9　麋鹿苑的保护植物

微生物方面：2022 年监测到藻类 143 种，分属 8 门 11 纲 21 目 43 科 116 属。土壤微生物共监测到细菌 3 760 种，分属 56 门 182 纲 451 目 768 科 1 649 属；真菌 1 248 种，分属 14 门 46 纲 119 目 293 科 677 属。

麋鹿苑还是一座集科研、科普、环境教育于一体的综合性户外生态博物馆[1]。1865 年，法国传教士就是在这里发现的麋鹿，并将一部分标本运回法国巴黎自然博物馆。经鉴定后确定为新属新种，此后，中国麋鹿被介绍给了全世界。1985 年麋鹿又被重新引入北京麋鹿苑，即其百年前栖息的地方，成就了麋鹿兴衰历史上的一段佳话（图 4-10）。

图 4-10　夏日里的麋鹿苑（北京麋鹿生态实验中心供图）

1 胡冀宁，白加德，郭耕，等 . 浅析科普传播模式的创新——以北京南海子麋鹿苑博物馆为例 [J]. 北京农业职业学院学报 , 2013, 27(5): 78-82.

麋鹿苑博物馆内现有藏品 1 万余件，室内设有麋鹿传奇、世界之鹿基本陈列，户外麋鹿自然保护区与科普设施动物之家、世界鹿类雕塑广场、中华护生诗画等独具特色（图 4-11～图 4-13）。麋鹿苑主要承担国家一级重点保护野生动物麋鹿及湿地生态、生物多样性科学研究，开展生态环境及自然科学普及工作，是国家二级博物馆、全国科普教育基地、国家 3A 级景区。

2024 年 10 月 12 日，由北京市园林绿化局、延庆区政府主办，北京野生动物保护协会、延庆区园林绿化局、延庆区自然保护地管理处、八达岭文旅集团联合承办的"京华飞羽——2024 京津冀晋生态旅游观鸟季"暨第十二个"北京湿地日"活动在北京野鸭湖国际重要湿地成功举办。活动上，北京市首批 6 个"观鸟基地"名单正式发布。麋鹿苑凭借其独特的自然生态成功入选，其余 5 个观鸟基地为北京野鸭湖湿地自然保护区、北京市翠湖国家城市湿地公园、密云区北庄镇、北京温榆河公园朝阳示范区及朝阳段一期和金海湖碧波岛。

图 4-11　麋鹿传奇展览之开篇"呦呦鹿鸣"（胡冀宁 / 摄）

图 4-12 麋鹿传奇展览之"种群复壮" 图 4-13 麋鹿传奇展览之"中国样板"
（胡冀宁 / 摄） （胡冀宁 / 摄）

4.1.3 通明湖公园

通明湖公园位于亦庄路东区，是路东区较大的景观湿地[1]。通惠排干渠从湖区穿过，将湖区分为东西两部分，总面积 73 hm²，常水位时，绿地面积 30.73 hm²，水域面积 43.73 hm²，蓄洪量 70 万 m³。图 4-14、图 4-15 分别为通明湖公园设计图、通明湖公园跑道。

通明湖公园还是鲜为人知的一处观鸟胜地。目前有记录的野鸟种类已经达 119 种，其

图 4-14 通明湖公园设计图

图 4-15 通明湖公园跑道

1 北京亦庄通明湖 3 座小岛等你命名 . 腾讯网 . 2019-9-25。

中国家级保护鸟类达 6 ～ 7 种。由于环境好，鱼类资源丰富，因而游禽和涉禽较多。

通明湖中有大量雨燕，根据其习性，在湖心岛上设有"雨燕森林"，供雨燕搭窝及停留。构筑物形似云杉，矗立于树间，与环境融为一体。伞帽下的支撑梁为燕子搭窝提供良好条件，枝干是雨燕站立的主要位置。

图 4-16 ～图 4-17 为通明湖公园部分植物、鸟类。

木槿
Hibiscus syriacus

绣球小冠花
Coronilla varia

二色金光菊
Rudbeckia bicolor

图 4-16　通明湖公园的植物

图 4-17　白鹭群飞

4.1.4　亦庄新城滨河公园

亦庄新城滨河公园位于北京经开区，属于暖温带大陆性季风气候，年平均气温 11.6℃，平均年降水量 569.4 mm，无霜期 215 d。其河道长 18.8 km，占地 298.5 hm²，西起南五环，东至经海九路，由凉水河、排干渠的带状绿地及通明湖 3 部分组成。公园景观在原有地貌、植被的基础上进行改造，通过设计增添雨水花园、生态草沟、浅滩溪流等元素，打造了一座以自然、野趣的湿地景观为主的滨河开放式公园[1]（图 4-18）。

---

1 赵艺璇，贾文岐 . 北京亦庄新城滨河公园植物调查与应用分析 [J]. 园艺与种苗，2023, 43(5): 40-42.

图 4-18　亦庄新城滨河公园景观

图片来源：北京日报，北京亦庄官方发布。

　　亦庄新城滨河公园内植物较为丰富，共有植物 160 种，隶属 58 科 122 属。其中，裸子植物 4 科 7 属 10 种；被子植物 54 科 115 属 150 种（图 4-19）。

蛇莓 *Duchesnea indica*	**水葱** *Schoenoplectus tabernaemontani*

梭鱼草
Pontederia cordata

唐菖蒲
Gladiolus × gandavensis

野大豆
Glycine soja

掌叶多裂委陵菜
Potentilla multifida var. ornithopoda

图 4-19　亦庄新城滨河公园的主要植物

4.2　中大型城市公园

4.2.1　亦庄国际企业文化园

亦庄国际企业文化园东起东环北路，西至成寿寺路，南起文化园东路，北至南五环路，总占地 200 hm²，以荣华路为中心将公园划分为东湖区和西湖区。公园规划设计以创造美

图 4-20　亦庄国际企业文化园

丽的植物景观为主，并规划有风情各异的国外园林景观，是一座以国际企业文化为主题的特色公园（图4-20）。

图4-21为亦庄国际企业文化园的主要植物。

| 凹头苋
Amaranthus blitum | 半夏
Pinellia ternata | 滨藜叶龙葵
Solanum nigrum var. atriplicifolium |
| 鹅绒藤
Cynanchum chinense | 饭包草（火柴头）
Commelina benghalensis | 鸡冠花
Celosia cristata |

图 4-21　亦庄国际企业文化园的主要植物

4.2.2　博大公园

　　博大公园建成于 2009 年，位于北京经开区天华南路，属于亦庄开发区核心地带，总面积约 18 hm^2。公园临近地铁亦庄线，且多条公交线路在公园周边设立站台，交通便捷，被称为亦庄核心区的"绿色之肺"，是集生态景观、健身娱乐、文化休闲等于一体的综合性公园。图 4-22 为博大公园的主要植物。

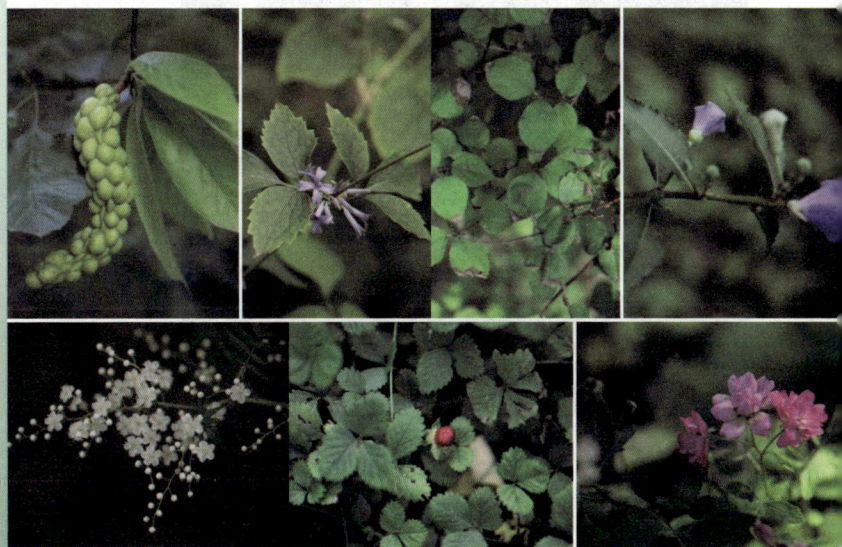

白玉兰	大叶铁线莲	钩齿溲疏	桔梗
Yulania denudata	*Clematis heracleifolia*	*eutzia baroniana*	*Platycodon grandiflorus*

华北珍珠梅	蛇莓	蔷薇
Sorbaria kirilowii	*Duchesnea indica*	*Rosa* sp.

图 4-22　博大公园的主要植物

4.2.3 旧宫城市森林公园

旧宫城市森林公园位于大兴德贤路以东、五环路以北、宣颐西路以南、凉风灌渠以西区域，占地 35.29 hm²。公园中设有健身步道、亭台水榭、湿地荷塘和儿童乐园等，是市民锻炼和体育活动的好去处。图 4-23 为旧宫城市森林公园的主要植物。

图 4-23 旧宫城市森林公园的主要植物

4.2.4 旺兴湖公园

旺兴湖郊野公园（一期）位于大兴区旧宫镇绿化隔离区内（近庑殿路），面积约 22.38 hm²。一进园区，映入眼帘的是小桥、流水、亭台、徽派楼阁，尽显江南水乡的小景。园区中央有一片很大的人工湖，波光粼粼，令人心旷神怡，是人们游览观光的好去处（图 4-24）。

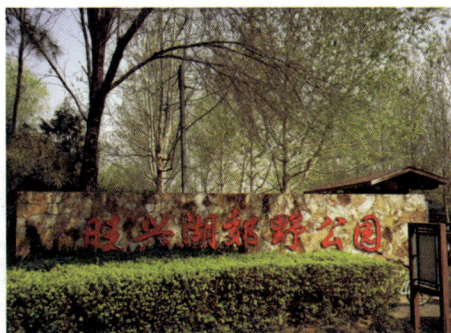

图 4-24　旺兴湖郊野公园大门

　　旺兴湖郊野公园（二期）总面积约 90.8 hm²，分为南北两区。南区占地约 30.8 hm²，园中配植多种花灌木，层次丰富，景观宜人。北区占地约 60 hm²，分为中部、北部、南部景观区。中部生态湿地树木环绕，并以凉亭、亲水平台、石桥、木栈桥、水生植物等景物点缀，营造出烟雨江南的美好意境；北部种植有大量的梨树、李树、樱桃树，春日繁花似锦、香气袭人，秋日硕果累累，叶色迷人；南部设有篮球场、羽毛球场及各种健身设施，是群众开展娱乐健身活动的良好场所。图 4-25 为旺兴湖郊野公园景观。

图 4-25　旺兴湖郊野公园景观

4.2.5　五福堂公园

坐落于中轴线南端的五福堂公园，与北中轴奥林匹克森林公园南北相望，紧邻南苑机场与黄亦路，填补南中轴线上大面积生态绿地的空白。公园总面积为 21.3 hm²，前身是由小型服装企业聚集的工业大院，位于旧宫镇南小街，原称五福堂村。清末有薛、蔡、谢、李、张五户人家于此垦荒落户，后渐成村，寄托福寿满堂之意，名为五福堂。经过拆迁腾退、环境整治和公园建设，废弃场地变身宛若绿海的城市森林公园（图 4-26、图 4-27）。

图 4-26　五福堂公园入口处

图 4-27　五福堂公园景观

园区内打造了植物主题景观分区，例如，牡丹园、向日葵园、月季园等，营造富有特色的赏花空间；在娱乐健身区和"五福色"跑道周围栽种了多种植物，树类以油松（*Pinus tabulaeformis*）、国槐（*Styphnolobium japonicum*）、白蜡树（*Fraxinus chinensis*）、碧桃（*Prunus persica* 'Duplex'）、美人梅（*Prunus* × *blireana* 'Meiren'）等种类为主，还有芦苇（*Phragmites australis*）、美人蕉（*Canna indica*）、睡莲（*Nymphaea tetragona*）

等水生植物，以及松果菊（*Echinacea purpurea*）、金银花（*Lonicera japonica*）、长药八宝（*Hylotelephium spectabile*）、假龙头花（*Physostegia virginiana*）等观赏类花草，可供游客观赏；在东部儿童活动场地内放置了儿童娱乐设施及健身器材，临近卫生间和休息区驿站，使游客拥有舒适的休闲环境。

图 4-28 为五福堂公园的主要植物。

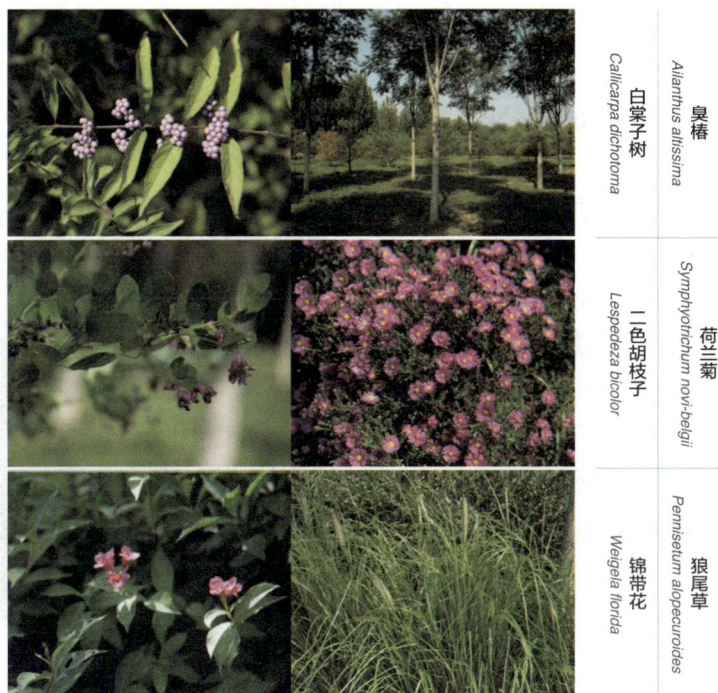

图 4-28　五福堂公园的主要植物

　　在公园内还有一处重要景点——植树纪念广场。2020 年 4 月 3 日，中共中央总书记、国家主席、中央军委主席习近平等党和国家领导人来到这里，同首都群众一起参加义务植树活动。为此，建设了植树纪念广场，并铺装了模仿年轮的样式，通过钢板刻字科普历年植树点位置。广场南侧竖立了纪念说明石雕，西侧设置纪念立石，游客可在这里与生态"对话"，体会绿水青山就是金山银山理念的深远内涵。这片昔日小型服装企业聚集的工业大院，已经完成华丽转身，成为旧宫镇城市生态建设的"新名片"。[1]

4.3　小型城市公园

　　北京市委、市政府于 2007 年启动了绿化隔离地区建设，目的是让群众直接享受绿化建设成果。"郊野公园环"是北京城区绿化隔离地区的主要组成部分，北京经开区便有许多这样的郊野公园。[2] 如海子墙公园（图 4-29）、梧桐公园（图 4-30）。

图 4-29　海子墙公园

1 魏瑶. 五福堂公园：到家门口的"城市森林"解锁向往的生活. 绿化与生活.
2 赵芳丽. 浅谈郊野公园方案设计——以北京亦新公园为例 [J]. 现代园艺, 2015(13): 96-97.

图 4-30　梧桐公园

4.4　主题功能型公园

北京经开区除了大、中、小型公园外，还拥有特色鲜明的主题功能型公园，例如，瀛海足球主题公园和安南湿地环保主题公园。

瀛海足球主题公园：瀛海足球主题公园位于北京市大兴区三海子东路与三太路交叉口西 370 m 路北，总占地约 335.25 亩，是以足球运动为主题的运动休闲公园。该公园拥有 3 个标准足球场、2 个小型足球场、1 个微型足球场，且足球场为真草皮球场。除足球场外，园内还设有 400 m 跑道、篮球场、网球场、骑行道、健身步道及休闲广场等城市常见休闲健身设施。瀛海足球主题公园绿化率为 72.91%，是北京经开区最大的足球主题公园，可满足周边市民生态、休闲、娱乐、运动健身的户外活动需求（图 4-31）。

安南湿地环保主题公园：安南湿地环保主题公园为周边居民提供了一个休闲健身的场所，公园内有池塘、喷泉、栈桥、健身步道，拥有凤栖湖等景点，来此游玩的群众可欣赏到生机盎然的湿地、园艺、苗圃等生态景观（图4-32）。

图 4-31　瀛海足球主题公园

图 4-32　安南湿地环保主题公园

4.5　生态景观

4.5.1　亦庄泡桐大道

在万源街，两边的泡桐非常密集，形成了超美的紫色的泡桐花隧道，泡桐花开时，这里也成了名副其实的网红街，很多人专门穿越半个北京城去打卡拍照（图4-33）。

图4-33　亦庄泡桐大道景观

4.5.2　麋鹿苑苍鹭乐园

麋鹿苑苍鹭乐园得名于北京麋鹿苑内的苍鹭栖息地。苍鹭是麋鹿苑最常见的候鸟，春季自南方到北方繁殖，途经麋鹿苑这个北京市鸟类迁徙通道上的重要停歇地。麋鹿苑于2007年对苑内湿地生态系统进行了修复，湿地环境得到了全面提升，苍鹭也逐渐成了苑内的留鸟，并且种群不断扩大（图4-34、图4-35）。

随着2018—2019年南海子二期湿地建设落成，以麋鹿苑为核心繁殖区域并逐渐向周边扩大。2022年繁殖季过后经调查麋鹿苑苍鹭种群数量超过600只。

图 4-34　苍鹭（钟震宇／摄）　图 4-35　由人工智能（AI）监测系统拍摄到的"苍鹭乐园"[1]

4.5.3　水南村田地大鸨

大鸨（*Otis tarda*）属鹤形目（Gruiformes）鸨科（Otidae），俗称野雁、独豹、羊须鸨等，世界自然保护联盟（IUCN）将其列为 2017 年濒危物种红色名录易危（VU）物种，是我国的国家一级重点保护野生动物。

北京的延庆野鸭湖自然保护区、密云水库北岸不老屯镇周边区域、汉石桥湿地周边都有大鸨记录，曾是大鸨南北迁徙的主要中转站和

图 4-36　2022 年于通州水南村拍摄到大鸨（钟震宇／摄）

停歇地，但现已无法满足大鸨的越冬需求。通州区水南村地区的农田是目前北京市唯一已知也是仅存的大鸨越冬栖息地，大鸨已连续6 年在此处越冬，它们在这里停歇进食，补充能量后继续其迁徙之旅[2]（图 4-36）。

---

1 由中国科学院半导体所 王洪昌博士供图。

2 大鸨分布 [J]. 森林与人类，2016(3): 92-95.

4.5.4　老农庄油菜花海

　　位于地铁瀛海站附近，是红星集体农庄纪念公园所在地，一大片油菜花已经盛开，金色的花海吸引着路过的游人，是散步拍照的好去处。周围还有大片的麦田，以及路边随处可见的二月兰，在城市中体验到了乡村野趣（图 4-37）。

图 4-37　老农庄油菜花海

参考
资料

[1] 毕东华, 柳东亮. 北京市大羊坊沟生态治理工程综述 [J]. 水科学与工程技术, 2018(5): 3. DOI:CNKI:SUN:HBSD.0.2018-05-013.

[2] 陈荞. 丰台凉风灌渠开工治理除隐患 [N]. 京华时报, 2010-06-30.

[3] 范思思, 赵妍. 城市型绿道与郊野型绿道的差异性浅析——以大兴区新凤河健康绿道为例 [C]. 北京市科学技术协会, 北京市园林绿化局, 北京市公园管理中心, 北京园林学会. 2014 "城市园林绿化与和谐宜居之都建设" 学术论坛暨学会成立 50 周年纪念大会论文集. 北京市园林古建设计研究院有限公司; 北京市大兴区园林绿化局, 2014: 6.

[4] 冯双元, 侯文学, 张济法, 等. 大兴旧宫小龙河桥梁遗址发掘简报 [J]. 北京文博文丛, 2016(2): 8.

[5] 冯维静. 副中心再添一条景观河. 北京通州官方公众号, 2023-10-08.

[6] 郭旋, 张成军, 李鹏, 等. 北京市大兴区长子营镇河道水质调查与评价 [J]. 环境保护科学, 2018, 44(2): 5. DOI:10.16803/j.cnki.issn.1004-6216.2018.02.017.

[7] 何凤娟, 国良, 王雅娟. 凤港减河河道综合治理思路探讨 [J]. 水利发展研究, 2019, 19(5): 4. DOI:CNKI:SUN:SLFZ.0.2019-05-010.

[8] 胡忙全. 谈吴仲重修通惠河对通州繁荣发展的历史意义 [J]. 北京水务, 2008(6): 3. DOI:10.3969/j.issn.1673-4637.2008.06.019.

[9] 蒋科平, 朱芩. 展望 "十四五" (10) | 进街区入园区, 北京经开区将加密公共文化空间布局. 澎湃新闻, 2021-08-15.

[10] 李红艳. 大运河北京天津段历史城镇遗产调研与分析 [C]. 中国建筑学会建筑史学分会学术研讨会. 2008.

[11] 刘德军, 蔡雳, 孔刚. 北京经济技术开发区水资源管理浅析 [J]. 中国水利, 2019(15): 16-18.

[12] 秦隆, 刘洪利. 通惠河的历史文化价值探析 [J]. 济源职业技术学院学报, 2023, 22(2): 18-23.

[13] 史明阳.亦城发现 | 用"会呼吸"的小区筑起一座安全岛.北京亦庄融媒体中心,2022-07-13.

[14] 宋万祯,魏保义,杨舒媛,等.城市河道治理思考:大羊坊沟治理方案为例 [C]. 2019 中国城市规划年会.[2023-12-22].

[15] 孙颖.承载国家文化展示功能,南苑湿地公园战略留白 94.45 公顷 [N].北京日报,2022-12-04.

[16] 唐亚丽.浅谈北京市丰台区小龙河污水治理 [J].中文科技期刊数据库(引文版)工程技术,2016(12): 37-38.

[17] 王大成.北京大兴区新凤河流域综合治理实践 [J].城乡建设,2020(7): 53-54.

[18] 王东黎,钱德琳.北京市凉水河开发区段河道设计新思路——城市河道亲水生态设计的探索 [C].中国水利学会城市水利专业委员会.2003 年全国城市水利学术研讨会论文集.北京市水利规划设计研究院,2003: 5.

[19] 王贺然,王思远.北京"7·20"特大暴雨凉水河降雨和洪水分析 [J].北京水务,2017(1): 36-38. DOI:10.19671/j.1673-4637.2017.01.010.

[20] 王绍斌,林晨.从凉水河干流综合整治工程看城市河道的生态设计 [J].北京水利,2005(1): 14-16, 22.

[21] 王绍斌,林晨.凉水河的生态治理 [C].中国水利学会.中国水利学会第二届青年科技论坛论文集.北京市水利规划设计研究院,2005: 6.

[22] 王劬贫,周琳,闫丽娟等.基于流域尺度的城市河流治理技术体系——以凉水河为例 [J].中国水利,2018(7): 8-11.

[23] 文志,郑华,欧阳志云.生物多样性与生态系统服务关系研究进展 [J].应用生态学报,2020, 31(1): 340-348.

[24] 吴婷婷.北京持续根治河道顽疾,黑臭"牛奶河"还清为"生态河"[N].新京报,2022-06-06.

［25］薛燕，杨启涛，刘晨阳 . 北京市城区雨洪利用及调度分析 [C].
2005 年北京城市防洪与排水学术研讨会论文集 , 2005: 27-30.

［26］张迟 . 叠加与融合通惠河庆丰公园景观设计 [J]. 北京园林 ,
2011(1): 4. DOI:CNKI:SUN:BJYL.0.2011-01-005.

［27］张敏 . 北京大兴 : "蚊子河"成生态廊道 水生态修复成效显著 [N].
中国青年报 , 2023-07-11.

［28］张诗阳，付博闻 . 城市空间视野下北京通惠河水系历史社会连通
性研究 [J]. 中国园林 , 2022, 38(1): 6.

［29］张涛 . 人工生态湿地在现代城市园林中的应用——以北京经济开
发区凉水河滨河景观河道绿化工程四标段工程为例 [C]. 中国风
景园林学会 , 2012.

［30］赵璇，杨笑一 . 北京大兴 : "通惠河灌渠 下雨就变牛奶河 ?"[N].
北青社区报 , 2018-07-19.

附录

附录 I 北京经开区高等植物名录

科名	种名	拉丁名	分布地点
木贼科 Equisetaceae	节节草	*Equisetum ramosissimum*	南海子公园、通明湖公园
槐叶蘋科	槐叶蘋	*Salvinia natans*	新城滨湖公园
苏铁科 Cycadaceae	苏铁*	*Cycas revoluta*	旺兴湖公园北园
银杏科 Ginkgoaceae	银杏*	*Ginkgo biloba*	广布于北京经开区
松科 Pinaceae	华北落叶松*	*Larix principis-rupprechtii*	麋鹿苑、南海子公园
	云杉*	*Picea meyer*	南海子公园、博大公园
	青杆*	*Picea wilsonii*	南海子公园、博大公园、合湖公园等
	红皮云杉*	*Picea koraiensis*	麋鹿苑
	油松*	*Pinus tabulaeformis*	广布于北京经开区
	雪松*	*Pinus thunbergii*	南海子公园、国际企业文化园、旺兴湖公园
	白皮松*	*Pinus bungeana*	广布于北京经开区
	华山松*	*Pinus armandii*	鸿博公园

科名	种名	拉丁名	分布地点
杉科 Taxodiaceae	水杉 *	*Metasequoia glyptostroboides*	南海子公园、东石公园
柏科 Cupressaceae	侧柏 *	*Platycladus orientalis*	广布于北京经开区
	刺柏 *	*Juniperus formosana*	广布于北京经开区
	沙地柏（叉子圆柏）*	*Juniperus sabina*	广布于北京经开区
	铺地柏 *	*Juniperus procumbens*	南海子公园
	圆柏 *	*Sabina chinensis*	广布于北京经开区
	龙柏 *	*Sabina chinensis* cv. 'Kaizuca'	南海子公园、国际企业文化园等
	毛白杨 *	*Populus tomentosa*	广布于北京经开区
	加杨 *	*Populus canadensis*	南海子公园
	山杨 *	*Populus davidiana*	台湖公园
杨柳科 Salicaceae	河北杨 *	*Populus × hopeiensis*	南海子公园
	菁杨 ”	*Populus cathayana*	国际企业文化园、南海子公园
	小叶杨 *	*Populus simonii*	东石公园
	旱柳 ”	*Salix matsudana*	广布于北京经开区
	绦柳 ”	*Salix matsudana* cv. Pendula	国际企业文化园

科名	种名	拉丁名	分布地点
杨柳科 Salicaceae	垂柳*	*Salix babylonica*	广布于北京经开区
	龙爪柳*	*Salix matsudana* f. *tortuosa*	南海子公园、国际企业文化园
胡桃科 Juglandaceae	核桃*	*Juglans regia*	麋鹿苑、西毓顺公园、南海子公园等
	胡桃楸*	*Juglans mandshurica*	麋鹿苑
	枫杨*	*Pterocarya stenoptera*	西毓顺公园
桦木科 Betulaceae	白桦*	*Betula platyphylla*	麋鹿苑、滨海新城公园
	黑桦*	*Betula dahurica*	麋鹿苑
壳斗科 Fagaceae	槲栎*	*Quercus aliena*	北京奔驰厂区门外
	栓皮栎*	*Quercus variabilis*	麋鹿苑
	蒙古栎*	*Quercus mongolica*	麋鹿苑、林肯公园、天华西路
榆科 Ulmaceae	榆*	*Ulmus pumila*	广布于北京经开区
	垂枝榆*	*Ulmus pumila* 'Tenue'	南海子公园、马驹桥湿地公园
	金叶榆*	*Ulmus pumila* 'Jinye'	马驹桥湿地公园
	垂枝大果榆*	*Ulmus macrocarpa* cv. pendula	旧宫街道
	菁檀*	*Pteroceltis tatarinowii*	麋鹿苑

科名	种名	拉丁名	分布地点
桑科 Moraceae	大麻	*Cannabis sativa*	采育飞地、台湖公园
	葎草	*Humulus scandens*	广布于北京经开区
	桑 *	*Morus alba*	广布于北京经开区
	构	*Broussonetia papyrifera*	广布于北京经开区
	无花果 *	*Ficus carica*	博大公园北马路
	大琴叶榕 *	*Ficus lyrata*	博大公园北马路
蓼科 Polygonaceae	扁蓄	*Persicaria aviculare*	广布于北京经开区
	水蓼	*Persicaria hydropiper*	广布于北京经开区
	酸模叶蓼	*Persicaria lapathifolium*	广布于北京经开区
	红蓼（东方蓼）	*Persicaria orientale*	通明湖公园、南海子公园
	杠板归	*Persicaria perfoliatum*	麋鹿苑
	皱叶酸模	*Rumex crispus*	广布于北京经开区
	巴天酸模	*Rumex patientia*	马驹桥湿地公园
	齿果酸模	*Rumex dentatus*	凉水河旧营段
苋科 Amaranthaceae	地肤	*Kochia scoparia*	广布于北京经开区

科名	种名	拉丁名	分布地点
苋科 Amaranthaceae	藜	*Chenopodium album*	广布于北京经开区
	小藜	*Chenopodium ficifolium*	旧宫森林公园、通明湖公园、南海子公园
	杂配藜	*Chenopodium hybridum*	中信新城小区附近
	灰绿藜	*Chenopodium glaucum*	中信新城小区附近
	猪毛菜	*Salsola collina*	麋鹿苑
	菠菜*	*Spinacia oleracea*	亦庄桥至旧宫地铁站之间
	厚皮菜*	*Beta vulgaris* var. *cicla*	亦庄桥至旧宫地铁站之间
	反枝苋	*Amaranthus retroflexus*	麋鹿苑、瀛海、马驹桥湿地、国际企业文化园等
	凹头苋	*Amaranthus blitum*	国际企业文化园
	皱果苋	*Amaranthus viridis*	凉水河岸边
	刺苋	*Amaranthus spinosus*	广布于北京经开区
	绿穗苋	*Amaranthus hybridus*	广布于北京经开区
	合被苋*	*Amaranthus polygonoides*	国际企业文化园
	喜旱莲子草	*Alternanthera philoxeroides*	长子营湿地公园
	鸡冠花*	*Celosia cristata*	广布于北京经开区

科名	种名	拉丁名	分布地点
马齿苋科 Portulacaceae	马齿苋	*Portulaca oleracea*	广布于北京经开区
	大花马齿苋 *	*Portulaca grandiflora*	通明湖公园
石竹科 Caryophyllaceae	石竹 *	*Dianthus chinensis*	通明湖公园、南海子公园
	头石竹 *	*Dianthus barbatus* var. *asiaticus*	通明湖公园
	牛繁缕（鹅肠菜）	*Stellaria aquatica*	广布于北京经开区
	麦蓝菜（王不留行）	*Saponaria calabrica*	旧宫森林公园
睡莲科 Nymphaeaceae	莲 *	*Nelumbo nucifera*	广布于北京经开区水域
	睡莲 *	*Nymphaea tetragona*	广布于北京经开区水域
金鱼藻科 Ceratophyllaceae	东北金鱼藻	*Ceratophyllum muricatum* subsp. *kossinskyi*	凉水河、通惠渠
毛茛科 Ranunculaceae	牡丹 *	*Paeonia suffruticosa*	广布于北京经开区各公园
	芍药 *	*Paeonia lactiflora*	南海子公园
	茴茴蒜	*Ranunculus chinensis*	凉水河
	太行铁线莲	*Clematis kirilowii*	旧宫森林公园
	短尾铁线莲	*Clematis brevicaudata*	中信新城小区
	大叶铁线莲 *	*Clematis heracleifolia*	博大公园

科名	种名	拉丁名	分布地点
毛茛科 Ranunculaceae	翠雀	*Delphinium grandiflorum*	马驹桥森林公园
	飞燕草*	*Consolida ajacis*	通明湖公园
罂粟科 Papaveraceae	秃疮花*	*Dicranostigma leptopodum*	南海子公园
	罂粟*	*Papaver somniferum*	马驹桥湿地公园
	虞美人*	*Papaver rhoeas*	中信新城小区
	紫叶小檗*	*Berberis thunbergii* 'Atropurpurea'	旧宫森林公园旁、南海子公园等
	地丁草	*Corydalis bungeana*	亦庄桥至旧宫地铁桥街道
木兰科 Magnoliaceae	白玉兰*	*Yulania denudata*	广布于北京经开区各公园
	望春玉兰*	*Yulania biondii*	国际企业文化园
	二乔玉兰*	*Magnolia soulangeana*	国际企业文化园、南海子公园
紫茉莉科 Nyctaginaceae	紫茉莉*	*Mirabilis jalapa*	台湖公园、马驹桥公园、中信新城小区
	叶子花*	*Bougainvillea spectabilis*	旺兴湖公园
商陆科 Phytolaccaceae	美洲商陆	*Phytolacca americana*	麋鹿苑、通明湖、亦庄飞地
十字花科 Brassicaceae	青菜*	*Brassica rapa var. chinensis*	马驹桥湿地公园、凉水河岸边

科名	种名	拉丁名	分布地点
十字花科 Brassicaceae	油菜*	*Brassica rapa* var. *oleifera*	通惠渠岸边农田
	白菜*	*Brassica rapa* var. *glabra*	瀛海地区
	卷心菜*	*Brassica oleracea* var. *capitata*	瀛海地区
	萝卜*	*Raphanus sativus*	亦庄文化桥至马驹桥路旁
	长羽裂萝卜*	*Raphanus sativus* var. *longipinnatus*	瀛海地区、次渠附近
	葶苈	*Draba nemorosa*	凉水河沿岸
	波齿糖芥	*Erysimum macilentum*	广布于亦庄荒地
	诸葛菜（二月兰）	*Orychophragmus violaceus*	广布于北京经开区
	独行菜	*Lepidium apetalum*	广布于北京经开区
	荠菜	*Capsella bursa-pastoris*	广布于北京经开区
	麦蒿	*Descurainia sophia*	广布于亦庄农田荒地
	离子芥	*Chorispora tenella*	亦庄文化桥地铁站北
	沼生蔊菜	*Rorippa islandica*	凉水河岸边
	蔊菜	*Rorippa indica*	麋鹿苑
	欧亚蔊菜	*Rorippa sylvestris*	亦庄桥至旧官道路旁

科名	种名	拉丁名	分布地点
十字花科 Brassicaceae	风花菜	*Rorippa globosa*	凉水河岸边旧营段
景天科 Crassulaceae	费菜*	*Sedum aizoon*	通明湖公园、中信新城小区
	八宝*	*Hylotelephium erythrostictum*	广布于北京经开区各公园
	燕子掌*	*Crassula ovata*	天华西路路旁
杜仲科 Eucommiaceae	杜仲*	*Eucommia ulmoides*	麋鹿苑、旧宫森林公园、中信新城小区
虎耳草科 Saxifragaceae	太平花*	*Philadelphus pekingensis*	博大公园及周边
	钩齿溲疏*	*Deutzia hamata*	南海子公园
	圆锥绣球*	*Hydrangea paniculata*	南海子公园
悬铃木科 Platanaceae	法国梧桐*	*Platanus acerifolia*	广布于亦庄
蔷薇科 Rosaceae	华北珍珠梅*	*Sorbaria kirilowii*	广布于北京经开区各公园
	粉花绣线菊*	*Spiraea japonica*	广布于北京经开区各公园
	金焰绣线菊*	*Spiraea japonica* 'Goldflame'	广布于北京经开区各公园
	珍珠绣线菊*	*Spiraea thunbergii*	南海子公园
	柳叶绣线菊*	*Spiraea salicifolia*	南海子公园、通明湖公园

科名	种名	拉丁名	分布地点
蔷薇科 Rosaceae	白鹃梅 *	*Exochorda racemosa*	南海子公园
	黄刺玫 *	*Rosa xanthina*	南海子公园、西麓顺公园
	月季 *	*Rosa chinensis*	广布于北京经开区各公园与街道
	多花蔷薇 *	*Rosa multiflora*	广布于北京经开区各公园与街道
	七姊妹 *	*Rosa multiflora* var. *carnea*	南海子公园
	白玉堂 *	*Rosa multiflora* var. *albo-plena*	南海子公园
	粉团蔷薇 *	*Rosa multiflora* var. *cathayensis*	南海子公园
	玫瑰 *	*Rosa rugosa*	南海子公园
	木香 *	*Rosa banksiae*	新康家园附近
	山里红 *	*Crataegus pinnatifida* var. *major*	广布于北京经开区各公园
	山楂 *	*Crataegus pinnatifida*	南海子公园
	金叶山楂 *	*Crataegus pinnatifida*	南海子公园
	白梨 *	*Pyrus bretschneideri*	新康家园
	杜梨 *	*Pyrus betulaefolia*	南海子公园
	平枝栒子 *	*Cotoneaster horizontalis*	麋鹿苑

科名	种名	拉丁名	分布地点
蔷薇科 Rosaceae	掌叶多裂委陵菜	*Potentilla multifida var. ornithopoda*	南海子公园
	朝天委陵菜	*Potentilla supina*	广布于北京经济技术开发区各公园及街道
	山桃*	*Prunus davidiana*	国际企业文化园、南海子公园等
	碧桃*	*Prunus persica* 'Duplex'	广布于北京经济技术开发区各公园
	山杏*	*Prunus armenica var. ansu*	南海子公园
	杏*	*Prunus vulgaris*	广布于北京经济技术开发区各公园
	杏梅*	*Prunus mume var. bungo*	西毓顺公园
	红叶李*	*Prunus cerasifera f. atropurpurea*	广布于北京经济技术开发区各公园
	麦李*	*Prunus glandulosa*	广布于北京经济技术开发区各公园
	毛樱桃*	*Prunus tomentosa*	南海子公园
	日本晚樱*	*Prunus serrulata var. lannesiana*	南海子公园
	樱桃*	*Cerasus pseudocerasus*	南海子公园
	东京樱花*	*Cerasus yedoensis*	南海子公园
	榆叶梅*	*Amygdalus triloba*	广布于北京经济技术开发区各公园
	草莓*	*Fragaria × ananassa*	瀛海、企业文化桥附近、中信新城小区

科名	种名	拉丁名	分布地点
蔷薇科 Rosaceae	蛇莓	*Duchesnea indica*	西毓顺公园、博大公园、通明湖公园
	海棠 *	*Malus spectabilis*	广布于北京经开区各公园
	重瓣白海棠 *	*Malus spectabilis* var. *albiplena*	南海子公园
	重瓣红海棠 *	*Malus spectabilis* var. *riversii*	南海子公园
	牛妈妈海棠 *	*Malus spectabilis* 'Niu Ma Ma'	西毓顺公园
	八棱海棠 *	*Malus × robusta*	旺兴湖公园
	苹果 *	*Malus pumila*	博大公园、新康家园
	西府海棠 *	*Malus micromalus*	广布于北京经开区各公园
	垂丝海棠 *	*Malus halliana*	南海子公园
	贴梗海棠 *	*Chaenomeles peciose*	广布于北京经开区各公园
	棠棣 *	*Kerria japonica*	广布于北京经开区各公园
蜡梅科 Calycanthaceae	蜡梅 *	*Chimonanthus praecox*	麋鹿苑
豆科 Fabaceae	决明 *	*Senna tora*	瀛海区
	皂荚 *	*Gleditsia sinensis*	南海子公园

科名	种名	拉丁名	分布地点
豆科 Fabaceae	北美肥皂荚*	*Gymnocladus dioica*	南海子公园
	刺槐*	*Robinia pseudoacacia*	广布于北京经开区各公园及各街道
	毛洋槐*	*Robinia hispida*	旧宫森林公园
	国槐*	*Styphnolobium japonicum*	广布于北京经开区各公园及各街道
	金叶槐*	*Styphnolobium japonlca cv. chInensis*	马驹桥湿地公园
	紫藤	*Wisteria sinensis*	麋鹿苑
	白花紫藤*	*Wisteria sinensis f. alba*	天华西路小区
	紫荆*	*Cercis chinensis*	广布于北京经开区各公园
	紫穗槐*	*Amorpha fruticosa*	南海子公园、马驹桥湿地公园
	兴安胡枝子	*Lespedeza davurica*	广布于北京经开区
	二色胡枝子	*Lespedeza bicolor*	南海子公园、博大公园
	杭子梢*	*Campylotropis macrocarpa*	南海子公园
	布氏木兰	*Indigofera bungeana*	南海子公园
	米口袋	*Gueldenstaedtia verna f. multiflora*	广布于北京经开区荒地
	狭叶米口袋	*Gueldenstaedtia verna*	广布于北京经开区荒地
	黄香草木樨	*Melilotus officinalis*	广布于各荒地及公园

科名	种名	拉丁名	分布地点
豆科 Fabaceae	天蓝苜蓿	*Medicago lupulina*	南海子公园
	紫苜蓿*	*Medicago sativa*	广布于北京经开区各公园
	白斑三叶草*	*Trifolium repens*	台湖公园、西毓顺公园
	绣球小冠花*	*Coronilla varia*	南海子公园
	野大豆	*Glycine soja*	广布于北京经开区各公园湿地
	大豆*	*Glycine max*	瀛海区
	甘草*	*Glycyrrhiza uralensis*	南海子公园
	刺果甘草*	*Glycyrrhiza pallidiflora*	南海子公园、水南村
	绿豆*	*Vigna radiata*	经开区飞地
	扁豆*	*Lablab purpureus*	亦庄文化园
	三齿萼野豌豆	*Vicia bungei*	南海子公园
	鸡眼草	*Kummerowia striata*	经开区飞地
	糙叶黄芪	*Astragalus scaberrimus*	广布于北京经开区各荒地
	达乌里黄耆	*Astragalus dahuricus*	国家起源文化园
	葛*	*Pueraria montana*	麋鹿苑

科名	种名	拉丁名	分布地点
豆科 Fabaceae	菜豆*	*Phaseolus vulgaris*	水南村、瀛海区
	落花生	*Arachis hypogaea*	水南村
酢浆草科 Oxalidaceae	酢浆草	*Oxalis corniculata*	广布于北京经开区各公园
	直酢浆草*	*Oxalis corniculata* var. *stricta*	南海子公园
	红花酢浆草*	*Oxalis corymbosa*	南海子公园
牻牛儿苗科 Geraniaceae	牻牛儿苗	*Erodium stephanianum*	南海子公园
亚麻科 Linaceae	宿根亚麻*	*Linum perenne*	通明湖公园、马驹桥湿地公园
蒺藜科 Zygophyllaceae	蒺藜	*Tribulus terrester*	凉水河边旧营段
仙人掌科 Cactaceae	仙人球*	*Echinopsis tubiflora*	康新家园
	仙人柱*	*Hylocereus undatus*	康新家园
芸香科 Rutaceae	花椒*	*Zanthoxylum bungeanum*	麋鹿苑
	青花椒*	*Zanthoxylum schinifolium*	麋鹿苑
	黄檗*	*Phellodendron amurense*	鸿博公园
	枸橘*	*Citrus trifoliata*	麋鹿苑

科名	种名	拉丁名	分布地点
苦木科 Simaroubaceae	臭椿	*Ailanthus altissima*	广布于北京经开区
楝科 Meliaceae	香椿*	*Toona sinensis*	麋鹿苑、康新家园、中信新城小区
	苦楝*	*Melia azedarach*	麋鹿苑、天华西路
五加科 Araliaceae	鹅掌柴*	*Schefflera heptaphylla*	旺兴湖公园
	葛缕子	*Carum carvi*	马驹桥湿地公园
	蛇床	*Cnidium monnieri*	东石公园
伞形科 Apiaceae	芫荽*	*Coriandrum sativum*	次渠、瀛海
	旱芹*	*Apium graveolens*	次渠
	胡萝卜*	*Daucus carota* var. *sativa*	瀛海、次渠
	水芹	*Oenanthe decumbens*	新城滨湖公园
	蓖麻	*Ricinus communis*	南海子公园、旧宫森林公园
大戟科 Euphorbiaceae	地锦草	*Euphorbia humifusa*	广布于北京经开区各公园
	斑地锦	*Euphorbia maculata*	广布于北京经开区各公园
	通奶草	*Euphorbia hypericifolia*	通明湖公园

科名	种名	拉丁名	分布地点
大戟科 Euphorbiaceae	银边翠*	Euphorbia marginata	广布于北京经开区荒地
	齿裂大戟	Euphorbia dentata	广布于北京经开区荒地
	铁苋菜	Acalypha australis	广布于北京经开区各公园
漆树科 Anacardiaceae	黄栌*	Cotinus coggygria var. cinerea	国际企业文化园、南海子公园、次渠附近绿地
	火炬树*	Rhus typhina	麋鹿苑
卫矛科 Celastraceae	白杜*	Euonymus meaackii	南海子公园、通明湖
	卫矛*	Euonymus alatus	麋鹿苑
	大叶黄杨（冬青卫矛）*	Euonymus japonicus	广布于北京经开区各公园
无患子科 Sapindaceae	元宝槭*	Acer truncatum	广布于北京经开区各公园
	复叶槭*	Acer negundo	广布于北京经开区各公园
	金色复叶槭*	Acer negundo 'Aurea'	南海子公园、西毓顺公园
	花叶复叶槭*	Acer negundo var. variegatum	南海子公园、西毓顺公园
	茶条槭*	Acer tataricum subsp. ginnala	麋鹿苑
	鸡爪槭*	Acer palmatum	中信新城小区
	糖槭*	Acer saccharinum	博大公园、西毓顺公园

科名	种名	拉丁名	分布地点
无患子科 Sapindaceae	挪威槭*	*Acer platanoides*	南海子公园
	红枫*	*Acer rubrum*	埃子公园
	栾树	*Koelreuteria paniculata*	广布于北京经开区各公园
	复羽叶栾树*	*Koelreuteria bipinnata*	康新家园南侧、国际企业文化园
	文冠果*	*Xanthoceras sorbifolia*	麋鹿苑
	七叶树*	*Aesculus chinensis*	麋鹿苑、鸿博公园、西毓顺公园
鼠李科 Rhamnaceae	鼠李*	*Rhamnus davurica*	通明湖公园、南海子公园、博大公园
	枣树*	*Ziziphus jujuba*	通明湖公园、南海子公园
	酸枣	*Ziziphus jujuba* var. *spinosa*	南海子公园、马驹桥湿地公园、中信新城小区
葡萄科 Vitaceae	爬山虎*	*Parthenocissus tricuspidata*	麋鹿苑
	五叶地锦*	*Parthenocissus quinquefolia*	麋鹿苑、中信新城小区
	葎叶蛇葡萄	*Ampelopsis humulifolia*	麋鹿苑
	葡萄*	*Vitis vinifera*	康新家园
	乌蔹莓	*Causonis japonica*	林肯公园

科名	种名	拉丁名	分布地点
锦葵科 Malvaceae	蜀葵 *	*Alcea rosea*	通明湖公园、鸿博公园、旧宫森林公园
	苘麻	*Abutilon theophrasti*	博大公园、国际企业文化园、南海子公园
	木槿 *	*Hibiscus syriacus*	广布于北京经开区各公园
	草芙蓉（芙蓉葵）*	*Hibiscus moscheutos*	凉水河岸边旧宫段
	新疆花葵 *	*Lavatera cashemiriana*	马驹桥湿地公园、旧宫森林公园
锦葵科 Malvaceae	圆叶锦葵 *	*Malva rotundifolia*	中信新城小区
梧桐科 Sterculiaceae	梧桐 *	*Firmiana platanifolia*	旺兴湖公园
猕猴桃科 Actinidiaceae	中华猕猴桃 *	*Actinidia chinensis*	康新家园
柽柳科 Tamaricaceae	柽柳 *	*Tamarix chinensis*	麋鹿苑、南海子公园
堇菜科 Violaceae	紫花地丁	*Viola yedonensis*	国际企业文化园
	早开堇菜	*Viola prionantha*	广布于北京经开区各公园
小二仙草科 Haloragaceae	狐尾藻	*Myriophyllum spicatum*	凉水河
	轮叶狐尾藻	*Myriophyllum verticillatum*	凉水河

科名	种名	拉丁名	分布地点
秋海棠科 Begoniaceae	玻璃海棠*	*Begonia cucullata*	旺兴湖公园
	秋海棠*	*Begonia grandis*	旺兴湖公园、新康家园
凤仙花科 Balsaminaceae	凤仙花*	*Impatiens balsamina*	中信新城小区
千屈菜科 Lythraceae	石榴*	*Punica granatum*	博大公园、次渠附近、中信新城小区
	二角菱	*Trapa natans*	通惠河次渠段
	千屈菜*	*Lythrum salicaria*	广布于北京经开区各湿地公园
柳叶菜科 Onagraceae	月见草*	*Oenothera biennis*	南海子公园
	美丽月见草*	*Oenothera speciosa*	马驹桥湿地公园、西毓顺公园
	山桃草*	*Oenothera lindheimeri*	西毓顺公园
	小花山桃草	*Gaura parviflora*	南海子公园
山茱萸科 Cornaceae	红瑞木*	*Cornus alba*	南海子公园、台湖公园
萝藦科	白首乌	*Cynanchum bungei*	林肯公园西侧
黄杨科 Buxaceae	小叶黄杨*	*Buxus sinica var. parvifolia*	北京经开区飞地、中信新城小区

科名	种名	拉丁名	分布地点
报春花科 Primulaceae	华北点地梅	*Androsace umbellata*	凉水河岸边
柿科 Ebenaceae	君迁子	*Diospyros lotus*	广布于北京经开区各公园
	柿树*	*Diospyros kaki*	广布于北京经开区各公园
	白蜡树*	*Fraxinus chinensis*	广布于北京经开区各公园
	洋白蜡*	*Fraxinus pennsylvanica*	广布于北京经开区各公园
	大叶白蜡*	*Fraxinus chinensis* subsp. *rhynchophylla*	南海子公园
	连翘*	*Fontanesia suspensa*	广布于北京经开区各公园
	迎春*	*Jasminum nudiflorum*	广布于北京经开区各公园
	金叶女贞*	*Ligustrum × vicaryi*	旧宫镇街道绿地
木樨科 Oleaceae	小叶女贞*	*Ligustrum quihoui*	南海子公园、通明湖公园、博大公园等
	紫丁香*	*Syringa oblata*	广布于北京经开区各公园
	北京丁香*	*Syringa reticulata* subsp. *pekinensis*	南海子公园
	欧洲丁香*	*Syringa vulgaris*	广布于北京经开区各公园
	巧玲花*	*Syringa pubescens*	亦庄文化桥附近
	红丁香*	*Syringa villosa*	亦庄文化桥附近

科名	种名	拉丁名	分布地点
木樨科 Oleaceae	蓝丁香*	*Syringa meyeri*	博大公园
	流苏树*	*Chionanthus retusus*	麋鹿苑
马钱科 Loganiaceae	大叶醉鱼草*	*Buddleja davidii*	西毓顺公园
花荵科 Polemoniaceae	福禄考（小天蓝绣球）*	*Phlox drummondii*	博大公园、西毓顺公园
睡菜科 Menyanthaceae	荇菜*	*Nymphoides peltata*	广布于北京经开区各湿地公园
夹竹桃科 Apocynaceae	杠柳	*Periploca sepium*	马驹桥湿地公园
	罗布麻*	*Apocynum venetum*	麋鹿苑
	萝藦	*Metaplexis japonica*	广布于北京经开区
	雀瓢	*Cynanchum thesioides var. australe*	广布于北京经开区
	白首乌	*Cynanchum bungei*	国际企业文化园
旋花科 Convolvulaceae	圆叶牵牛	*Pharbitis purpurea*	广布于北京经开区
	裂叶牵牛（牵牛）	*Ipomoea nil*	广布于北京经开区
	瘤梗番薯*	*Ipomoea lacunosa*	西毓顺公园
	空心菜（蕹菜）*	*Ipomoea aquatica*	瀛海区

科名	种名	拉丁名	分布地点
旋花科 Convolvulaceae	田旋花	*Convolvulus arvensis*	广布于北京经开区
	藤长苗	*Calystegia pellita*	南海子公园
	打碗花	*Calystegia hederacea*	广布于北京经开区
	菟丝子	*Cuscuta chinensis*	西毓顺公园
紫草科 Boraginaceae	砂引草	*Messerschmidia sibirica*	马驹桥湿地公园
	斑种草	*Bothriospermum chinense*	广布于北京经开区
	附地菜	*Trigonotis peduncularis*	广布于北京经开区
	弯齿盾果草	*Thyrocarpus glochidiatus*	国际企业文化园地铁站附近
马鞭草科 Verbenaceae	荆条 *	*Vitex negundo var. heterophylla*	博大公园、新康家园、南海子公园
	海州常山 *	*Clerodendrum trichotomum*	魔雨苑
	白棠子树 *	*Callicarpa dichotoma*	中信新城小区
	柳叶马鞭草 *	*Verbena bonariensis*	通明湖公园
	假马鞭 *	*Stachytarpheta jamaicensis*	企业文化园
	蓝花莸 *	*Caryopteris × clandonensis*	南海子公园
唇形科 Lamiaceae	薄荷 *	*Mentha canadensis*	马驹桥湿地公园、中信新城小区
	美国薄荷 *	*Monarda didyma*	五福堂公园

科名	种名	拉丁名	分布地点
唇形科 Lamiaceae	夏至草	*Lagopsis supina*	广布于北京经开区各公园
	益母草	*Leonurus japonicus*	次渠附近、亦庄桥至旧营地地段
	细叶益母草	*Leonurus sibiricus*	通明湖公园、南海子公园
	藿香 *	*Agastache rugosa*	新康家园
	紫苏 *	*Perilla frutescens*	新康家园
	五彩苏 *	*Coleus scutellarioides*	五福堂公园
	假龙头花 *	*Physostegia virginiana*	广布于北京经开区各公园
	木香薷（华北香薷）*	*Elsholtzia stauntonii*	博大公园
	六座大山荆芥 *	*Nepeta × faassenii* 'Six Hills Giant'	西翰顺公园
茄科 Solanaceae	枸杞	*Lycium chinense*	广布于北京经开区各公园
	宁夏枸杞	*Lycium barbarum*	长子营公园
	曼陀罗	*Datura stramonium*	北京经开区飞地、通明湖
	刺萼龙葵	*Solanum rostratum*	次渠附近
	龙葵	*Solanum nigrum*	广布于北京经开区各公园及街道
	少花龙葵	*Solanum photeinocarpum*	马驹桥湿地公园

科名	种名	拉丁名	分布地点
茄科 Solanaceae	马铃薯*	*Solanum tuberosum*	水南村
	茄*	*Solanum melongena*	天华西路、瀛海
	西红柿*	*Solanum lycopersicum*	天华西路、瀛海
	辣椒*	*Capsicum annuum*	天华西路、瀛海
	木本曼陀罗*	*Brugmansia arborea*	马驹桥湿地公园
	酸浆	*Alkekengi officinarum*	麋鹿苑
	小酸浆	*Physalis minima*	麋鹿苑、南海子公园
	毛酸浆	*Physalis philadelphica*	麋鹿苑
	苦蘵	*Physalis angulata*	麋鹿苑
玄参科 Scrophulariaceae	雪见草	*Salvia plebeia*	南海子公园
	蓝花鼠尾草*	*Salvia farinacea*	广布于北京经开区各公园及街道
	新疆鼠尾草*	*Salvia deserta*	南海子公园
	彩苞鼠尾草*	*Salvia viridis*	麋鹿苑
	一串红*	*Salvia splendens*	旺兴湖公园
	地黄	*Rehmannia glutinosa*	广布于北京经开区各公园及街道
	毛泡桐*	*Paulownia tomentosa*	广布于北京经开区各公园及街道

科名	种名	拉丁名	分布地点
玄参科 Scrophulariaceae	婆婆纳	*Veronica didyma*	通明湖附近的凉水河东岸
	阿拉伯婆婆纳	*Veronica persica*	通明湖附近的凉水河东岸
	通泉草	*Mazus pumilus*	马驹桥湿地公园、西毓顺公园
	欧洲荚蒾*	*Viburnum opulus*	南海子公园、通明湖公园、国际企业文化园
	琼花*	*Viburnum macrocephalum f. keteleeri*	—
忍冬科 Caprifoliaceae	金银花*	*Lonicera japonica*	麋鹿苑
	金银木*	*Lonicera maackii*	广布于北京经开区各公园
	新疆忍冬*	*Lonicera tatarica*	中信新城小区
	锦带花*	*Weigela florida*	五福堂公园、博大公园、南海子公园、次渠附近绿地
	蝟实*	*Kolkwitzia amabilis*	南海子公园
	接骨木*	*Sambucus williamsii*	麋鹿苑、次渠附近绿地
	金叶裂叶接骨木*	*Sambucus racemosa* 'Plumosa Aurea'	南海子公园
紫葳科 Bignoniaceae	角蒿	*Incarvillea sinensis*	麋鹿苑
	紫薇*	*Lagerstroemia indica*	广布于北京经开区各公园

科名	种名	拉丁名	分布地点
紫葳科 Bignoniaceae	海南菜豆树 *	*Radermachera hainanensis*	文化桥至旧宫段
	梓树 *	*Catalpa ovata*	天华西路附近、南海子公园、马驹桥湿地公园
	楸树 *	*Catalpa bungei*	中信新城小区
	美国凌霄（厚萼凌霄）*	*Campsis radicans*	麋鹿苑、鸿博公园、博大公园
车前科 Plantaginaceae	平车前	*Plantago depressa*	广布于北京经开区
	大车前	*Plantago major*	南海子公园
	长叶车前	*Plantago lanceolata*	通明湖
茜草科 Rubiaceae	茜草	*Rubia cordifolia*	广布于北京经开区
	猪殃殃	*Galium aparine*	马驹桥湿地公园
	鸡矢藤	*Paederia foetida*	麋鹿苑等地
葫芦科 Cucurbitaceae	黄瓜 *	*Cucumis sativus*	亦庄桥至旧宫
	甜瓜 *	*Cucumis melo*	瀛海区
	小马泡	*Cucumis melo var. agrestis*	麋鹿苑、南海子公园、西毓顺公园
	南瓜 *	*Cucurbita moschata*	瀛海区、水南村
	西瓜 *	*Citrullus lanatus*	水南村

科名	种名	拉丁名	分布地点
葫芦科 Cucurbitaceae	丝瓜*	*Luffa cylindrica*	瀛海区、水南村、亦庄飞地
	葫芦*	*Lagenaria siceraria*	水南村、亦庄飞地
	盒子草	*Actinostemma tenerum*	凉水河与通惠渠汇合处
桔梗科 Campanulaceae	桔梗*	*Platycodon grandiflorus*	通明湖公园、垡子公园
菊科 Asteraceae	秋英*	*Cosmos bipinnatus*	广布于北京经开区各公园
	万寿菊*	*Tagetes erecta*	广布于北京经开区各公园
	宿根天人菊*	*Gaillardia aristata*	广布于北京经开区各公园
	菊芋*	*Helianthus tuberosus*	台湖公园西侧
	向日葵*	*Helianthus annuus*	瀛海区、高尔夫球场
	日光菊（糙叶赛菊芋）*	*Heliopsis helianthoides var. scabra*	国际企业文化园
	豚草*	*Ambrosia artemisiifolia*	水南村
	蓝花矢车菊*	*Cyanus segetum*	中信新城小区
	旋覆花	*Inula japonica*	广布于北京经开区各公园及街道
	地笋	*Lycopus lucidus*	亦庄桥至旧宫段草地
	麻花头	*Serratula centauroides*	南海子公园

科名	种名	拉丁名	分布地点
菊科 Asteraceae	全叶马兰	*Aster pekinensis*	麋鹿苑、通明湖公园
	马兰	*Aster indicus*	西毓顺公园
	紫菀*	*Aster tataricus*	南海子公园、五福堂公园
	狗娃花	*Aster hispidus*	五福堂公园
	三褶脉紫菀	*Aster trinervius* subsp. *ageratoides*	麋鹿苑
	联毛紫菀（荷兰菊）*	*Symphyotrichum novi-belgii*	南海子公园
	小蓟	*Cirsium arvense* var. *integrifolium*	广布于北京经济开发区各公园及街道
	大剌儿菜	*Cirsium arvense*	广布于北京经济开发区各公园及街道
	苍耳	*Xanthium strumarium*	麋鹿苑、次渠附近
	意大利苍耳	*Xanthium strumarium* subsp. *italicum*	旧宫附近、瀛海区、南海子公园
	小蓬草	*Conyza canadensis*	广布于北京经济开发区各公园及街道
	甘菊	*Chrysanthemum lavandulifolium*	广布于北京经济开发区各公园
	菊花*	*Dendranthemum morifolium*	广布于北京经济开发区各公园
	牛膝菊	*Galinsoga parviflora*	广布于北京经济开发区各公园及街道
	粗毛牛膝菊	*Galinsoga quadriradiata*	凉水河西岸旧宫段

科名	种名	拉丁名	分布地点
	翠菊*	*Callistephus chinensis*	台湖公园
	飞蓬	*Erigeron acris*	广布于北京经开区各公园
	一年蓬	*Erigeron annuus*	广布于北京经开区各公园
	婆婆针	*Bidens bipinnata*	广布于北京经开区各公园
	金盏银盘	*Bidens biternata*	通明湖、中信新城小区
	大狼耙草*	*Bidens frondosa*	垛子公园、瀛海区、南海子公园
	猪毛蒿	*Artemisia scoparia*	麋鹿苑
	茵陈蒿	*Artemisia capillaris*	南海子公园、通明湖
	艾*	*Artemisia argyi*	旺兴湖公园、五福堂公园、中信新城小区
菊科 Asteraceae	野艾	*Artemisia argyi* var. *gracilis*	南海子公园
	野艾蒿	*Artemisia lavandulaefolia*	旺兴湖公园、南海子公园
	黄花蒿	*Artemisia annua*	广布于北京经开区各公园和荒地
	五月艾	*Artemisia indica*	旺兴湖
	泥胡菜	*Hemistepta lyrata*	广布于北京经开区各公园和荒地
	黄鹌菜	*Youngia japonica*	天华西路绿地

科名	种名	拉丁名	分布地点
菊科 Asteraceae	金鸡菊*	*Coreopsis basalis*	东石公园、南海子公园、西毓顺公园等
	两色金鸡菊*	*Coreopsis tinctoria*	东石公园
	大滨菊*	*Leucanthemum maximum*	旺兴湖公园、国际企业文化园
	白晶菊*	*Mauranthemum paludosum*	旺兴湖公园
	黑心金光菊*	*Rudbeckia hirta*	广布于北京经济开发区各公园
	金色风暴全缘叶金光菊*	*Rudbeckia fulgida var. sullivantii* 'Goldstorm'	国际企业文化园
	苣荬菜	*Sonchus wightianus*	马驹桥湿地公园、长子营公园
	续断菊	*Sonchus asper*	广布于北京经开区各公园
	苦苣菜	*Sonchus oleraceus*	凉水河边旧官段
	桃叶鸦葱	*Scorzonera sinensis*	南海子公园
	长喙婆罗门参	*Tragopogon dubius*	南海子公园
	异鳞蒲公英	*Taraxacum heterolepis*	马驹桥湿地公园
	蒲公英	*Taraxacum mongolicum*	广布于北京经开区各公园及街道
	芥叶蒲公英	*Taraxacum brassicaefolium*	马驹桥湿地公园
	中华小苦荬	*Ixeris chinensis*	广布于北京经开区各公园及街道

科名	种名	拉丁名	分布地点
菊科 Asteraceae	中华苦荬菜	*Ixeris chinensis*	广布于北京经开区各公园及街道
	尖裂假还阳参	*Crepidiastrum sonchifolium*	广布于北京经开区各公园及街道
	莴苣*	*Lactuca sativa*	通明湖公园、马驹桥公园
	翅果菊	*Pterocypsela indica*	广布于北京经开区各公园
	多裂翅果菊	*Pterocypsela laciniata*	广布于北京经开区各公园
	翼柄翅果菊	*Lactuca triangulata*	南海子公园
	乳苣	*Lactuca tatarica*	新城滨海公园、南海子公园、中信新城小区
	茼蒿*	*Glebionis coronaria*	瀛海区
	鳢肠	*Eclipta prostrata*	南海子公园
香蒲科 Typhaceae	水烛*	*Typha angustifolia*	博大公园、南海子公园
	拉香蒲*	*Typha laxmannii*	鸿博公园
	黑三棱*	*Sparganium stoloniferum*	麋鹿苑
泽泻科 Alismataceae	泽泻*	*Alisma plantago-aquatica*	鸿博公园、新城滨海公园、南海子公园
	慈姑*	*Sagittaria trifolia*	鸿博公园、新城滨海公园、南海子公园

科名	种名	拉丁名	分布地点
花蔺科 Butomaceae	花蔺	*Butomus umbellatus*	水渠附近的通惠渠
水鳖科 Hydrocharitaceae	梭鱼草*	*Pontederia cordata*	凉水河岸边
	苦草	*Vallisneria asiatica*	凉水河水域
	黑藻	*Hydrilla verticillata*	凉水河水域
禾本科 Poaceae	画眉草	*Eragrostis pilosa*	广布于北京经开区
	知风草	*Eragrostis ferruginea*	南海子公园、国际企业文化园
	乱草*	*Eragrostis japonica*	麋鹿苑
	光稃香草*	*Anthoxanthum glabrum*	南海子公园
	野牛草*	*Buchloe dactyloides*	南海子公园
	菰（茭白）	*Zizania latifolia*	通惠渠
	芦苇	*Phragmites australis*	广布于北京经开区水域
	芦竹	*Arundo donax*	通明湖公园
	花叶芦竹*	*Arundo donax* 'Versicolor'	通明湖公园
	千金子	*Leptochloa chinensis*	鸿博公园
	棒头草	*Polypogon fugax*	通明湖公园、凉水河岸边

科名	种名	拉丁名	分布地点
禾本科 Poaceae	北京隐子草	*Cleistogenes hancei*	麋鹿苑
	丛生隐子草	*Cleistogenes caespitosa*	麋鹿苑
	高羊茅（逸生种）*	*Festuca elata*	南海子公园
	羊草*	*Leymus chinensis*	麋鹿苑
	看麦娘	*Alopecurus aequalis*	凉水河岸边
	菵草	*Beckmannia syzigachne*	通明湖
	稗	*Echinochloa crusgalli*	广布于北京经开区
	长芒稗	*Echinochloa caudata*	通明湖公园
	扁穗雀麦（逸生种）	*Bromus catharticus*	旧宫地铁站附近
	拂子茅	*Calamagrostis epigeios*	西毓顺公园
	草地早熟禾	*Poa pratensis*	次渠附近
	硬质早熟禾	*Poa sphondylodes*	南海子公园
	早熟禾	*Poa annua*	中信新城小区
	加拿大早熟禾*	*Poa compressa*	南海子公园
	止血马唐	*Digitaria ischaemum*	广布于北京经开区

科名	种名	拉丁名	分布地点
禾本科 Poaceae	马唐	*Digitaria sanguinalis*	广布于北京经开区
	狗尾草	*Setaria viridis*	广布于北京经开区
	金色狗尾草	*Setaria pumila*	马驹桥湿地公园
	狼尾草*	*Pennisetum alopecuroides*	广布于北京经济技术开发区各公园
	老芒麦	*Elymus sibiricus*	麋鹿苑
	垂穗鹅观草	*Elymus nutans*	凉水河岸边
	直穗鹅观草	*Elymus gmelinii*	通明湖
	臭草	*Melica scabrosa*	凉水河岸边
	蔺草	*Phalaris arundinacea*	南海子公园
	玉带草（丝带草）*	*Phalaris arundinacea* var. *picta*	通明湖公园
	荻	*Miscanthus sacchariflorus*	博大公园
	芒	*Miscanthus sinensis*	通明湖公园
	蟋蟀草	*Eleusine indica*	广布于北京经开区各荒地及公园
	狗牙根	*Cynodon dactylon*	凉水河岸边旧宫段
	虎尾草	*Chloris virgata*	广布于北京经开区各荒地及公园

科名	种名	拉丁名	分布地点
禾本科 Poaceae	黑麦草 *	*Lolium perenne*	南海子公园
	荩草	*Arthraxon hispidus*	麋鹿苑
	白茅	*Imperata cylindrica*	南海子公园
	柳枝稷 *	*Panicum virgatum*	五福堂公园
	小麦 *	*Triticum aestivum*	天华西路附近区域
	玉米 *	*Zea mays*	水南村附近、亦庄飞地、瀛海区
	水稻 *	*Oryza sativa*	台湖体育公园附近
	菅草 *	*Themeda villosa*	博大公园
	牛筋草	*Eleusine indica*	广布于北京经开区各公园
	巨序剪股颖	*Agrostis gigantea*	南海子公园
	早园竹 *	*Phyllostachys propinqua*	麋鹿苑、博大公园
	刚竹 *	*Phyllostachys sulphurea* var. *viridis*	麋鹿苑
莎草科 Cyperaceae	藨草	*Schoenoplectus triqueter*	通明湖、新城滨海公园
	水葱 *	*Schoenoplectus tabernaemontani*	南海子公园、通明湖
	扁秆藨草	*Bolboschoenus planiculmis*	亦庄桥至旧宫

科名	种名	拉丁名	分布地点
莎草科 Cyperaceae	香附子	*Cyperus rotundus*	通明湖公园附近
	具芒碎米莎草	*Cyperus microiria*	广布于北京经开区各水域
	头状穗莎草	*Cyperus glomeratus*	通明湖公园附近、台湖公园及其附近水域
	异型莎草	*Cyperus difformis*	马驹桥、瀛海区
	直穗莎草	*Cyperus orthostachyus*	南海子公园
	异穗薹草	*Carex heterostachya*	麇鹿苑
	白颖薹草	*Carex duriuscula* subsp. *rigescens*	凉水河河岸
	寸草	*Carex duriuscula*	凉水河河岸
	薹草	*Carex* sp.	南海子公园
	粗脉薹草	*Carex rugulosa*	南海子公园
	卵穗薹草	*Carex ovatispiculata*	凉水河河岸
天南星科 Araceae	菖蒲*	*Acorus calamus*	南海子公园、新城滨湖公园
	火鹤花*	*Anthurium scherzerianum*	亦庄文化桥至旧宫
	虎掌半夏	*Pinellia pedatisecta*	博大公园
	半夏	*Pinellia ternata*	亦庄文化桥地铁站附近路旁

科名	种名	拉丁名	分布地点
天南星科 Araceae	海芋*	*Alocasia odora*	博大公园北部小区
	浮萍	*Lemna minor*	广布于北京经开区各水域
眼子菜科 Potamogetonaceae	眼子菜	*Potamogeton distinctus*	凉水河水域
	菹草	*Potamogeton crispus*	凉水河水域
	马来眼子菜	*Potamogeton wrightii*	凉水河水域
雨久花科 Pontederiaceae	雨久花	*Monochoria korsakowii*	麋鹿苑、新坡滨湖公园
百合科 Liliaceae	萱草*	*Hemerocallis fulva*	广布于北京经开区各公园
	黄花菜*	*Hemerocallis citrina*	南海子公园
	麦冬*	*Ophiopogon japonicus*	南海子公园、通明湖公园
	禾叶山麦冬*	*Liriope graminifolia*	广布于北京经开区各公园
	玉簪*	*Hosta plantaginea*	广布于北京经开区各公园及街道
	紫萼玉簪*	*Hosta ventricosa*	广布于北京经开区各公园
	百合*	*Lilium brownii* var. *viridulum*	南海子公园
	小根蒜（薤白）	*Allium macrostemon*	麋鹿苑、南海子公园
	葱*	*Allium fistulosum*	瀛海区、水南村

科名	种名	拉丁名	分布地点
百合科 Liliaceae	洋葱*	*Allium cepa*	水南村
	蒜*	*Allium sativum*	水南村
	韭*	*Allium tuberosum*	水南村、瀛海区
	宽叶韭*	*Allium hookeri*	天华西路附近
	凤尾丝兰*	*Yucca gloriosa*	通明湖、旧宫附近绿地、近的凉水河边 通明湖附
天门冬科 Asparagaceae	吊兰*	*Chlorophytum comosum*	天华小区
	金边吊兰*	*Chlorophytum comosum* 'Variegatum'	天华小区
	龙血树*	*Dracaena draco*	旺兴湖公园北园
芭蕉科 Musaceae	美人蕉*	*Canna indica*	南海子公园
	黄花美人蕉*	*Canna indica* var. *flava*	南海子公园
	大花美人蕉*	*Canna generalis*	南海子公园
鸭跖草科 Commelinaceae	鸭跖草	*Commelina communis*	通明湖、中信新城小区
	饭包草（火柴头）	*Commelina benghalensis*	康新家园附近街道旁
薯蓣科 Dioscoreaceae	山药（薯蓣）*	*Dioscorea polystachya*	康新家园附近街道旁

科名	种名	拉丁名	分布地点
鸢尾科 Iridaceae	马蔺	*Iris lactea* var. *chinensis*	广布于北京经开区各公园
	鸢尾 *	*Iris tectorum*	广布于北京经开区各公园及街道
	黄金鸢尾 *	*Iris flavissima*	南海子公园、旺兴湖公园
	射干 *	*Belamcanda chinensis*	亦庄文化桥附近绿地、国际企业文化园
	唐菖蒲 *	*Gladiolus gandavensis*	凉水河及公园人工湖旁
竹芋科 Marantaceae	再力花 *（水竹芋）	*Thalia dealbata*	凉水河岸边
棕榈科 Dypsis lutescens	散尾葵 *	*Dypsis lutescens*	亦庄次渠附近

注：* 栽培种。

附录 II 北京经开区主要观赏植物名录

科 名	种 名	拉丁名
银杏科	银杏*	*Ginkgo biloba*
松科	华北落叶松*	*Larix principis-rupprechtii*
	油松*	*Pinus tabulaeformis*
	雪松*	*Pinus thunbergii*
	白皮松*	*Pinus bungeana*
	水杉*	*Metasequoia glyptostroboides*
柏科	侧柏*	*Platycladus orientalis*
	刺柏*	*Juniperus formosana*
	圆柏*	*Sabina chinensis*
桦木科	白桦*	*Betula platyphylla*
壳斗科	蒙古栎*	*Quercus mongolica*
榆科	垂枝榆	*Ulmus pumila* cv. 'Tenue'
	金叶榆*	*Ulmus pumila* 'Jinye'
桑科	桑*	*Morus alba*
马齿苋科	大花马齿苋	*Portulaca grandiflora*
石竹科	石竹	*Dianthus chinensis*
	头石竹*	*Dianthus barbatus* var. *asiaticus*
	麦蓝菜	*Saponaria calabrica*
睡莲科	莲*	*Nelumbo nucifera*
	睡莲	*Nymphaea tetragona*
毛茛科	牡丹*	*Paeonia suffruticosa*
	芍药*	*Paeonia lactiflora*

科名	种名	拉丁名
罂粟科	虞美人*	*Papaver rhoeas*
小檗科	紫叶小檗*	*Berberis thunbergii* 'Atropurpurea'
木兰科	白玉兰*	*Yulania denudata*
	望春玉兰*	*Yulania biondii*
	二乔玉兰*	*Magnolia soulangeana*
紫茉莉科	紫茉莉*	*Mirabilis jalapa*
十字花科	诸葛菜	*Orychophragmus violaceus*
景天科	费菜*	*Sedum aizoon*
	八宝*	*Hylotelephium erythrostictum*
虎耳草科	太平花*	*Philadelphus pekingensis*
	钩齿溲疏	*Deutzia hamata*
	圆锥绣球*	*Hydrangea paniculata*
悬铃木科	法国梧桐*	*Platanus acerifolia*
蔷薇科	华北珍珠梅*	*Sorbaria kirilowii*
	粉花绣线菊*	*Spiraea japonica*
	金焰绣线菊*	*Spiraea japonica* 'Goldflame'
	白鹃梅*	*Exochorda racemosa*
	黄刺玫*	*Rosa xanthina*
	月季*	*Rosa chinensis*
	多花蔷薇*	*Rosa multiflora*
	山里红*	*Crataegus pinnatifida* var. *major*
	山桃*	*Prunus davidiana*
	山杏*	*Prunus armenica* var. *ansu*

科 名	种 名	拉丁名
蔷薇科	杏 *	*Prunus vulgaris*
	紫叶李 *	*Prunus cerasifera* f. *Atropurpurea*
	麦李 *	*Prunus glandulosa*
	毛樱桃 *	*Prunus tomentosa*
	日本晚樱 *	*Prunus serrulata* var. *lannesiana*
	樱桃 *	*Cerasus pseudocerasus*
	东京樱花 *	*Cerasus yedoensis*
	榆叶梅 *	*Amygdalus triloba*
	重瓣白海棠 *	*Malus spectabilis* var. *albiplena*
	重瓣红海棠 *	*Malus spectabilis* var. *riversii*
	八棱海棠	*Malus × robusta*
	西府海棠 *	*Malus micromalus*
	贴梗海棠	*Chaenomeles peciose*
蜡梅科	蜡梅 *	*Chimonanthus praecox*
豆科	皂荚 *	*Gleditsia sinensis*
	刺槐 *	*Robinia pseudoacacia*
	毛洋槐 *	*Robinia hispida*
	紫藤 *	*Wisteria sinensis*
	紫荆 *	*Cercis chinensis*
	紫苜蓿	*Medicago sativa*
	白斑三叶草 *	*Trifolium repens*
	绣球小冠花 *	*Coronilla varia*
酢浆草科	红花酢浆草 *	*Oxalis corymbosa*

科名	种名	拉丁名
酢浆草科	直酢浆草*	*Oxalis corniculata* var. *stricta*
芸香科	花椒*	*Zanthoxylum*
楝科	苦楝*	*Melia azedarach*
漆树科	黄栌*	*Cotinus coggygria* var. *cinerea*
	火炬树*	*Rhus typhina*
无患子科	元宝槭*	*Acer truncatum*
	金色复叶槭*	*Acer negundo*
	七叶树*	*Aesculus chinensis*
鼠李科	枣*	*Ziziphus jujuba*
葡萄科	爬山虎*	*Parthenocissus tricuspidata*
	五叶地锦*	*Parthenocissus quinquefolia*
锦葵科	蜀葵*	*Alcea rosea*
	木槿*	*Hibiscus syriacus*
	草芙蓉	*Hibiscus moscheutos*
秋海棠科	玻璃海棠*	*Begonia cucullata*
凤仙花科	凤仙花*	*Impatiens balsamina*
千屈菜科	千屈菜	*Lythrum salicaria*
山茱萸科	红瑞木*	*Cornus alba*
黄杨科	大叶黄杨*	*Buxus megistophylla*
	小叶黄杨*	*Buxus sinica* var. *parvifolia*
柿科	柿树*	*Diospyros kaki*
木犀科	白蜡树*	*Fraxinus chinensis*
	洋白蜡	*Fraxinus pennsylvanica*

科名	种名	拉丁名
木犀科	连翘*	*Fontanesia suspensa*
	迎春*	*Jasminum nudiflorum*
	金叶女贞*	*Ligustrum × vicaryi*
	小叶女贞*	*Ligustrum quihoui*
	紫丁香*	*Syringa oblata*
	北京丁香*	*Syringa reticulata* subsp. *pekinensis*
	欧洲丁香*	*Syringa vulgaris*
花葱科	福禄考	*Phlox drummondii*
睡菜科	荇菜	*Nymphoides peltata*
马鞭草科	荆条*	*Vitex nengudo* var. *heterophylla*
	海州常山*	*Clerodendrum trichotomum*
	白棠子树*	*Callicarpa dichotoma*
	柳叶马鞭草*	*Verbena bonariensis*
唇形科	藿香*	*Agastache rugosa*
茄科	曼陀罗	*Datura stramonium*
玄参科	蓝花鼠尾草*	*Salvia farinacea*
	新疆鼠尾草*	*Salvia deserta*
	毛泡桐*	*Paulownia tomentosa*
忍冬科	欧洲荚蒾*	*Viburnum opulus*
	金银木*	*Lonicera maackii*
	锦带花*	*Weigela florida*
紫葳科	紫薇*	*Lagerstroemia indica*
	梓树*	*Catalpa ovata*

科名	种名	拉丁名
紫葳科	楸树 *	*Catalpa bungei*
	厚萼凌霄	*Campsis radicans*
菊科	秋英 *	*Cosmos bipinnatus*
	万寿菊 *	*Tagetes erecta*
	宿根天人菊 *	*Gaillardia aristata*
	菊芋 *	*Helianthus tuberosus*
	日光菊	*Heliopsis helianthoides* var. *scabra*
	金鸡菊 *	*Coreopsis basalis*
	两色金鸡菊 *	*Coreopsis tinctoria*
	大滨菊 *	*Leucanthemum maximum*
	白晶菊 *	*Mauranthemum paludosum*
	黑心金光菊	*Rudbeckia hirta*
	全缘叶金光菊	*Rudbeckia fulgida* var. *sullivantii* 'Goldstorm'
香蒲科	水烛 *	*Typha angustifolia*
泽泻科	泽泻	*Alisma plantago-aquatica*
	慈姑	*Sagittaria trifolia*
花蔺科	梭鱼草 *	*Pontederia cordata*
禾本科	芦苇	*Phragmites australis*
	芦竹	*Arundo donax*
	花叶芦竹	*Arundo donax* 'Versicolor'
	玉带草 *	*Phalaris arundinacea* var. *picta*
	早园竹 *	*Phyllostachys propinqua*
	刚竹 *	*Phyllostachys sulphurea* var. *viridis*

科名	种名	拉丁名
莎草科	水葱 *	*Schoenoplectus tabernaemontani*
	扁杆藨草	*Bolboschoenus planiculmis*
天南星科	菖蒲 *	*Acorus calamus*
百合科	萱草 *	*Hemerocallis fulva*
	黄花菜 *	*Hemerocallis citrina*
	凤尾丝兰 *	*Yucca gloriosa*
	禾叶山麦冬	*Liriope graminifolia*
	白花玉簪 *	*Hosta plantaginea*
	紫萼玉簪 *	*Hosta ventricosa*
芭蕉科	美人蕉 *	*Canna indica*
	大花美人蕉 *	*Canna generalis*
鸢尾科	鸢尾 *	*Iris tectorum*
	黄金鸢尾 *	*Iris flavissima*
	唐菖蒲 *	*Gladiolus gandavensis*
竹芋科	再力花 *	*Thalia dealbata*

注：* 栽培种。

附表Ⅲ 北京经开区鸟类名录（截至 2024 年）

	中文名	拉丁名	保护级别	区系成分	留鸟/候鸟
鸡形目 Galliformes					
雉科 Phasianidae	鹌鹑	*Coturnix japonica*	北京二级	广布	夏候鸟
	环颈雉	*Phasianus colchicus*	北京二级	古北界	留鸟
雁形目 Anseriformes					
鸭科 Anatidae	鸿雁	*Anser cygnoid*	国家二级	古北界	留鸟
	豆雁	*Anser fabalis*	北京二级	古北界	冬候鸟
	短嘴豆雁	*Anser serrirostris*		古北界	冬候鸟
	灰雁	*Anser anser*	北京二级	古北界	夏候鸟
	白额雁	*Anser albifrons*	国家二级	古北界	旅鸟
	斑头雁	*Anser indicus*		古北界	旅鸟
	小天鹅	*Cygnus columbianus*	国家二级	古北界	旅鸟
	大天鹅	*Cygnus cygnus*	国家二级	古北界	旅鸟
	黑天鹅	*Cygnus atratus*		澳大利亚	旅鸟
	疣鼻天鹅	*Cygnus olor*	国家二级	古北界	夏候鸟
	翘鼻麻鸭	*Tadorna tadorna*	北京二级	古北界	夏候鸟
	赤麻鸭	*Tadorna ferruginea*	北京二级	古北界	旅鸟
	鸳鸯	*Aix galericulata*	国家二级	古北界	留鸟

	中文名	拉丁名	保护级别	区系成分	留鸟/候鸟
鸭科 Anatidae	赤膀鸭	*Mareca strepera*	北京二级	古北界	旅鸟
	罗纹鸭	*Mareca falcata*	北京二级	古北界	旅鸟
	赤颈鸭	*Mareca penelope*	北京二级	古北界	旅鸟
	绿头鸭	*Anas platyrhynchos*	北京二级	古北界	夏候鸟
	斑嘴鸭	*Anas zonorhyncha*	北京二级	古北界	夏候鸟
	针尾鸭	*Anas acuta*	北京二级	古北界	夏候鸟
	绿翅鸭	*Anas crecca*	北京二级	广布种	夏候鸟
	琵嘴鸭	*Spatula clypeata*	北京二级	古北界	旅鸟
	白眉鸭	*Spatula querquedula*	北京二级	古北界	旅鸟
	花脸鸭	*Sibirionetta formosa*	国家二级	古北界	旅鸟
	赤嘴潜鸭	*Netta rufina*	北京二级	古北界	旅鸟
	红头潜鸭	*Aythya ferina*	北京二级	古北界	旅鸟
	青头潜鸭	*Aythya baeri*	国家一级	古北界	旅鸟
	白眼潜鸭	*Aythya nyroca*	北京二级	古北界	旅鸟
	凤头潜鸭	*Aythya fuligula*	北京二级	全北界	旅鸟
	斑背潜鸭	*Aythya marila*	北京二级	全北界	旅鸟

	中文名	拉丁名	保护级别	区系成分	留鸟/候鸟
鸭科 Anatidae	鹊鸭	*Bucephala clangula*	北京二级	全北界	旅鸟
	斑头秋沙鸭	*Mergellus albellus*	国家二级	古北界	旅鸟
	普通秋沙鸭	*Mergus merganser*	北京二级	全北界	旅鸟
红鹳目					
红鹳科 Phoenicopteridae	大红鹳	*Phoenicopterus roseus*		广布种	旅鸟
䴙䴘目 Podicipediformes					
䴙䴘科 Podicedidae	小䴙䴘	*Tachybaptus ruficollis*	北京二级	广布种	留鸟
	凤头䴙䴘	*Podiceps cristatus*	北京一级	广布种	留鸟
	角䴙䴘	*Podiceps auritus*	国家二级	广布种	旅鸟
	黑颈䴙䴘	*Podiceps nigricollis*	国家二级	全北界	旅鸟
鸽形目 Columbiformes					
鸠鸽科 Columbidae	岩鸽	*Columba rupestris*	北京二级	全北界	留鸟
	山斑鸠	*Streptopelia orientalis*		古北界	留鸟
	珠颈斑鸠	*Streptopelia chinensis*		东洋界	留鸟
	灰斑鸠	*Streptopelia decaocto*		东洋界	留鸟
	火斑鸠	*Streptopelia tranquebarica*		东洋界	留鸟
夜鹰目 Caprimulgiformes					
夜鹰科 Caprimulgidae	普通夜鹰	*Caprimulgus indicus*	北京一级	东洋界	留鸟

	中文名	拉丁名	保护级别	区系成分	留鸟/候鸟
雨燕科 Apodidae	白喉针尾雨燕	*Hirundapus caudacutus*	北京一级	东洋界	夏候鸟
	普通雨燕	*Apus apus*	北京一级	广布种	留鸟
	白腰雨燕	*Apus pacificus*	北京一级	古北界	夏候鸟
鹃形目 Cuculiformes					
杜鹃科 Cuculidae	红翅凤头鹃	*Clamator coromandus*	北京一级	东洋界	旅鸟
	噪鹃	*Eudynamys scolopaceus*	北京二级	东洋界	旅鸟
	大鹰鹃	*Hierococcyx sparverioides*	北京二级	东洋界	夏候鸟
	四声杜鹃	*Cuculus micropterus*	北京二级	东洋界	夏候鸟
	大杜鹃	*Cuculus canorus*	北京二级	东洋界	夏候鸟
鸨形目 Otidiformes					
鸨科 Otididae	大鸨	*Otis tarda*	国家一级	古北界	留鸟
鹤形目 Gruiformes					
秧鸡科 Rallidae	花田鸡	*Coturnicops exquisitus*	国家二级	古北界	夏候鸟
	普通秧鸡	*Rallus indicus*		东洋界	留鸟
	小田鸡	*Zapornia pusilla*		广布种	旅鸟
	红胸田鸡	*Zapornia fusca*		东洋界	留鸟
	斑胁田鸡	*Zapornia paykullii*	国家二级	东洋界	夏候鸟
	白胸苦恶鸟	*Amaurornis phoenicurus*		东洋界	夏候鸟

	中文名	拉丁名	保护级别	区系成分	留鸟/候鸟
秧鸡科 Rallidae	董鸡	*Gallicrex cinerea*		东洋界	夏候鸟
	黑水鸡	*Gallinula chloropus*		广布种	留鸟
	白骨顶	*Fulica atra*		广布种	夏候鸟
鹤科 Gruidae	白鹤	*Grus leucogeranus*	国家一级	古北界	旅鸟
	白枕鹤	*Grus vipio*	国家一级	古北界	旅鸟
	灰鹤	*Grus grus*	国家二级	古北界	留鸟
鸻形目 Charadriiformes					
反嘴鹬科 Recurvirostridea	黑翅长脚鹬	*Himantopus himantopus*	北京二级	广布种	旅鸟
	反嘴鹬	*Recurvirosta avosetta*		古北界	旅鸟
鸻科 Charadriidae	凤头麦鸡	*Vanellus vanellus*		全北界	夏候鸟
	灰头麦鸡	*Vanellus cinereus*		东洋界	旅鸟
	金鸻	*Pluvialis fulva*		广布种	旅鸟
	长嘴剑鸻	*Charadrius placidus*		东洋界	夏候鸟
	金眶鸻	*Charadrius dubius*		广布种	旅鸟
	环颈鸻	*Charadrius alexandrinus*		广布种	旅鸟
	铁嘴沙鸻	*Charadrius leschenaultii*		广布种	旅鸟
	东方鸻	*Charadrius veredus*		东洋界	旅鸟
彩鹬科 Rostratulidae	彩鹬	*Rostratula benghalensis*		东洋界	旅鸟
水雉科 Jacanidae	水雉	*Hydrophasianus chirurgus*	国家二级	东洋界	夏候鸟

	中文名	拉丁名	保护级别	区系成分	留鸟/候鸟
鹬科 Scolopacidae	丘鹬	*Scolopax rusticola*		广布种	旅鸟
	扇尾沙锥	*Gallinago gallinago*		广布种	旅鸟
	针尾沙锥	*Gallinago stenura*		古北界	旅鸟
	大沙锥	*Gallinago megala*		东洋界	旅鸟
	黑尾塍鹬	*Limosa limosa*		古北界	旅鸟
	小杓鹬	*Numenius minutus*	国家二级	东洋界	旅鸟
	中杓鹬	*Numenius phaeopus*		广布种	旅鸟
	大杓鹬	*Numenius madagascariensis*	国家二级	东洋界	旅鸟
	白腰杓鹬	*Numenius arquata*	国家二级	广布种	旅鸟
	鹤鹬	*Tringa erythropus*		广布种	旅鸟
	红脚鹬	*Tringa totanus*		广布种	旅鸟
	泽鹬	*Tringa stagnatilis*		古北界	旅鸟
	青脚鹬	*Tringa nebularia*		全北界	旅鸟
	白腰草鹬	*Tringa ochropus*		广布种	旅鸟
	林鹬	*Tringa glareola*		广布种	旅鸟
	矶鹬	*Actitis hypoleucos*		广布种	旅鸟
	红颈滨鹬	*Calidris ruficollis*		广布种	旅鸟
	青脚滨鹬	*Calidris temminckii*		古北界	旅鸟
	长趾滨鹬	*Calidris subminuta*		广布种	旅鸟
	尖尾滨鹬	*Calidris acuminata*		广布种	旅鸟
	黑腹滨鹬	*Calidris alpina*		古北界	旅鸟
	弯嘴滨鹬	*Calidris ferruginea*		广布种	旅鸟

	中文名	拉丁名	保护级别	区系成分	留鸟/候鸟
鹬科 Scolopacidae	阔嘴鹬	*Calidris falcinellus*	国家二级	广布种	旅鸟
三趾鹑科 Turnicidae	黄脚三趾鹑	*Turnix tanki*		东洋界	留鸟
燕鸻科 Glareolidae	普通燕鸻	*Glareola maldivarum*	北京一级	东洋界	夏候鸟
鸥形目 Lariformes					
鸥科 Laridae	红嘴鸥	*Chroicocephalus ridibundus*		广布种	旅鸟
	渔鸥	*Ichthyaetus ichthyaetus*		广布种	旅鸟
	遗鸥	*Ichthyaetus relictus*	国家一级	古北界	留鸟
	黑尾鸥	*Larus crassirostris*		广布种	旅鸟
	普通海鸥	*Larus canus*		全北界	留鸟
	西伯利亚银鸥	*Larus smithsonianus*		全北界	冬候鸟
	鸥嘴噪鸥	*Gelochelidon nilotica*		广布种	夏候鸟
	红嘴巨燕鸥	*Hydroprogne caspia*		广布种	夏候鸟
	白额燕鸥	*Sternula albifrons*		广布种	夏候鸟
	普通燕鸥	*Sterna hirundo*		广布种	夏候鸟
	须浮鸥	*Chlidonias hybrida*		广布种	夏候鸟
	白翅浮鸥	*Chlidonias leucopterus*		广布种	旅鸟
	蒙古银鸥	*Larus argentatus*		广布种	冬候鸟
鲣鸟目 Pseudosulidae					
鸬鹚科 Phalacrocoracidae	普通鸬鹚	*Phalacrocorax carbo*	北京二级	广布种	留鸟

	中文名	拉丁名	保护级别	区系成分	留鸟/候鸟
鹈形目 Pelecaniformes					
鹮科 Threskiorothidae	白琵鹭	*Platalea leucorodia*	国家二级	古北界	夏候鸟
鹳形目 Ciconiiformes					
鹳科 Ciconiidae	黑鹳	*Ciconia nigra*	国家一级	古北界	留鸟
	东方白鹳	*Ciconia boyciana*	国家一级	古北界	旅鸟
鹭科 Ardeidae	大麻鳽	*Botaurus stellaris*		广布种	夏候鸟
	黄斑苇鳽	*Ixobrychus sinensis*	北京二级	东洋界	夏候鸟
	紫背苇鳽	*Ixobrychus eurhythmus*	北京二级	东洋界	夏候鸟
	栗苇鳽	*Ixobrychus cinnamomeus*	北京二级	东洋界	夏候鸟
	夜鹭	*Nycticorax nycticorax*	北京二级	广布种	夏候鸟
	绿鹭	*Butorides striata*	北京二级	广布种	夏候鸟
	池鹭	*Ardeola bacchus*	北京二级	东洋界	夏候鸟
	牛背鹭	*Bubulcus ibis*	北京二级	全北界	旅鸟
	苍鹭	*Ardea cinerea*	北京二级	广布种	旅鸟
	草鹭	*Ardea purpurea*	北京二级	广布种	夏候鸟
	大白鹭	*Ardea alba*	北京一级	广布种	旅鸟
	中白鹭	*Ardea intermedia*	北京一级	广布种	旅鸟

	中文名	拉丁名	保护级别	区系成分	留鸟/候鸟
鹭科 Ardeidae	白鹭	*Egretta garzetta*	北京二级	古北界	旅鸟

鹰形目 Accipitriformes

	中文名	拉丁名	保护级别	区系成分	留鸟/候鸟
鹗科 Pandionidae	鹗	*Pandion haliaetus*	国家二级	广布种	旅鸟
鹰科 Accipitridae	凤头蜂鹰	*Pernis ptilorhynchus*	国家二级	东洋界	旅鸟
	黑翅鸢	*Elanus caeruleus*	国家二级	广布种	夏候鸟
	秃鹫	*Aegypius monachus*	国家一级	古北界	留鸟
	乌雕	*Clanga clanga*	国家一级	广布种	留鸟
	靴隼雕	*Hieraaetus pennatus*	国家二级	广布种	冬候鸟
	草原雕	*Aquila nipalensis*	国家二级	古北界	留鸟
	日本松雀鹰	*Accipiter gularis*	国家二级	东洋界	夏候鸟
	雀鹰	*Accipiter nisus*	国家二级	全北界	旅鸟
	苍鹰	*Accipiter gentilis*	国家二级	广布种	夏候鸟
	白腹鹞	*Circus spilonotus*	国家二级	东洋界	旅鸟
	白尾鹞	*Circus cyaneus*	国家二级	广布种	旅鸟
	鹊鹞	*Circus melanoleucos*	国家二级	东洋界	旅鸟
	黑鸢	*Milvus migrans*	国家二级	广布种	留鸟
	灰脸鵟鹰	*Butastur indicus*	国家二级	东洋界	夏候鸟

	中文名	拉丁名	保护级别	区系成分	留鸟/候鸟
鹰科 Accipitridae	普通鵟	*Buteo japonicus*	国家二级	东洋界	留鸟
	大鵟	*Buteo hemilasius*	国家二级	古北界	留鸟
	毛脚鵟	*Buteo lagopus*	国家二级	全北界	旅鸟
	白尾海雕	*Haliaeetus albicilla*	国家一级		冬候鸟
	赤腹鹰	*Accipiter soloensis*	国家二级		
隼形目 Falconiformes					
隼科 Falconidae	红隼	*Falco tinnunculus*	国家二级	广布种	夏候鸟
	红脚隼	*Falco amurensis*	国家二级	广布种	留鸟
	灰背隼	*Falco columbarius*	国家二级	广布种	留鸟
	燕隼	*Falco subbuteo*	国家二级	广布种	留鸟
	游隼	*Falco peregrinus*	国家二级	广布种	留鸟
	猎隼	*Falco cherrug*	国家一级	广布种	留鸟
鸮形目 Strigiformes					
鸱鸮科 Strigidae	红角鸮	*Otus sunia*	国家二级	东洋界	留鸟
	雕鸮	*Bubo bubo*	国家二级	古北界	留鸟
	纵纹腹小鸮	*Athene noctua*	国家二级	古北界	留鸟
	长耳鸮	*Asio otus*	国家二级	广布种	留鸟

	中文名	拉丁名	保护级别	区系成分	留鸟/候鸟
鸱鸮科 Strigidae	短耳鸮	*Asio flammeus*	国家二级	广布种	留鸟
犀鸟目 Bucerotiformes					
戴胜科 Upupidae	戴胜	*Upupa epops*	北京二级	广布种	留鸟
佛法僧目 Coraciiformes					
佛法僧科 Coraciidae	三宝鸟	*Eurystomus orientalis*	北京一级	东洋界	夏候鸟
翠鸟科 Alcedinidae	蓝翡翠	*Halcyon pileata*	北京一级	东洋界	旅鸟
	普通翠鸟	*Alcedo atthis*		广布种	留鸟
	冠鱼狗	*Megaceryle lugubris*		广布种	留鸟
啄木鸟目 Piciformes					
啄木鸟科 Picidae	蚁䴕	*Jynx torquilla*	北京一级	广布种	旅鸟
	灰头绿啄木鸟	*Picus canus*	北京一级	广布种	留鸟
	棕腹啄木鸟	*Dendrocopos hyperythrus*	北京一级	东洋界	留鸟
	星头啄木鸟	*Dendrocopos canicapillus*	北京一级	广布种	留鸟
	大斑啄木鸟	*Dendrocopos major*	北京一级	广布种	留鸟
雀形目 Passeriformes					
黄鹂科 Oriolidae	黑枕黄鹂	*Oriolus chinensis*	北京二级	东洋界	夏候鸟
山椒鸟科 Campephagidae	暗灰鹃鵙	*Lalage melaschistos*		东洋界	留鸟
山椒鸟科 Campephagidae	长尾山椒鸟	*Pericrocotus ethologus*	北京二级	广布种	旅鸟

	中文名	拉丁名	保护级别	区系成分	留鸟/候鸟
卷尾科 Dicruridae	黑卷尾	*Dicrurus macrocercus*	北京二级	广布种	留鸟
	发冠卷尾	*Dicrurus hottentottus*	北京重点		
伯劳科 Laniidae	虎纹伯劳	*Lanius tigrinus*	北京二级	东洋界	留鸟
	牛头伯劳	*Lanius bucephalus*	北京二级	东洋界	留鸟
	红尾伯劳	*Lanius cristatus*	北京二级	古北界	旅鸟
	棕背伯劳	*Lanius schach*		广布种	留鸟
	楔尾伯劳	*Lanius sphenocercus*	北京二级	古北界	旅鸟
	灰伯劳	*Lanius excubitor*	北京二级	古北界	夏候鸟
鸦科 Corvidae	红嘴蓝鹊	*Urocissa erythroryncha*	北京一级	广布种	留鸟
	灰喜鹊	*Cyanopica cyanus*	北京一级	古北界	留鸟
	喜鹊	*Pica pica*		广布种	留鸟
	达乌里寒鸦	*Corvus dauuricus*		古北界	留鸟
	秃鼻乌鸦	*Corvus frugilegus*		古北界	留鸟
	大嘴乌鸦	*Corvus macrorhynchos*		广布种	留鸟
	小嘴乌鸦	*Corvus corone*		古北界	留鸟
	白颈鸦	*Corvus pectoralis*		东洋界	留鸟
山雀科 Paridae	煤山雀	*Periparus ater*	北京二级	古北界	留鸟
	黄腹山雀	*Pardaliparus venustulus*	北京二级	中国特有	留鸟

	中文名	拉丁名	保护级别	区系成分	留鸟/候鸟
山雀科 Paridae	沼泽山雀	*Poecile palustris*	北京二级	古北界	留鸟
	大山雀	*Parus cinereus*	北京二级	古北界	留鸟
攀雀科	中华攀雀	*Remiz consobrinus*		古北界	留鸟
百灵科 Alaudidae	云雀	*Alauda arvensis*	国家二级	广布种	留鸟
	蒙古百灵	*Melanocorypha mongolica*	国家二级		
	角百灵	*Eremophila alpestris*	北京市级		
	亚洲短趾百灵	*Alaudala cheleensis*			
扇尾莺科 Cisticolidae	棕扇尾莺	*Cisticola juncidis*		广布种	留鸟
苇莺科	东方大苇莺	*Acrocephalus orientalis*	北京二级	东洋界	夏候鸟
	黑眉苇莺	*Acrocephalus bistrigiceps*	北京二级	东洋界	夏候鸟
	远东苇莺	*Acrocephalus tangorum*	北京二级	东洋界	旅鸟
	钝翅苇莺	*Acrocephalus concinens*	北京二级	东洋界	夏候鸟
	厚嘴苇莺	*Arundinax aedon*	北京二级	东洋界	旅鸟
蝗莺科 Acrocephalidae	中华短翅蝗莺	*Locustella tacsanowskia*	北京二级	广布种	夏候鸟
	北短翅蝗莺	*Locustella davidi*		东洋界	留鸟
	矛斑蝗莺	*Locustella lanceolata*	北京二级	广布种	旅鸟
	小蝗莺	*Locustella certhiola*	北京二级	东洋界	旅鸟

	中文名	拉丁名	保护级别	区系成分	留鸟/候鸟
燕科 Hirundinidae	崖沙燕	*Riparia riparia*	北京二级	广布种	留鸟
	家燕	*Hirundo rustica*	北京二级	广布种	夏候鸟
	金腰燕	*Cecropis daurica*	北京二级	广布种	夏候鸟
	烟腹毛脚燕	*Delichon dasypus*	北京二级	东洋界	夏候鸟
	淡色崖沙燕	*Riparia diluta*			
鹎科 Pycnonotidae	白头鹎	*Pycnonotus sinensis*	北京二级	东洋界	留鸟
	栗耳短脚鹎	*Hypsipetes amaurotis*		东洋界	旅鸟
柳莺科	褐柳莺	*Phylloscopus fuscatus*	北京二级	古北界	夏候鸟
	巨嘴柳莺	*Phylloscopus schwarzi*	北京二级	东洋界	夏候鸟
	黄腰柳莺	*Phylloscopus proregulus*	北京二级	古北界	旅鸟
	黄眉柳莺	*Phylloscopus inornatus*	北京二级	古北界	旅鸟
	极北柳莺	*Phylloscopus borealis*	北京二级	全北界	夏候鸟
	双斑绿柳莺	*Phylloscopus plumbeitarsus*	北京二级	广布种	夏候鸟
	淡脚柳莺	*Phylloscopus tenellipes*		广布种	留鸟
	冕柳莺	*Phylloscopus coronatus*	北京二级	广布种	夏候鸟
	冠纹柳莺	*Phylloscopus claudiae*	北京二级	广布种	旅鸟
	黑眉柳莺	*Phylloscopus ricketti*		东洋界	旅鸟

	中文名	拉丁名	保护级别	区系成分	留鸟/候鸟
树莺科	鳞头树莺	*Urosphena squameiceps*	北京二级	东洋界	旅鸟
	远东树莺	*Horornis canturians*		东洋界	旅鸟
长尾山雀科	银喉长尾山雀	*Aegithalos glaucogularis*	北京二级	广布种	留鸟
	北长尾山雀	*Aegithalos caudatus*			
鸦雀科	山鹛	*Rhopophilus pekinensis*	北京二级	古北界	留鸟
	棕头鸦雀	*Sinosuthora webbiana*	北京二级	东洋界	留鸟
	震旦鸦雀	*Paradoxornis heudei*	国家二级	古北界	旅鸟
绣眼鸟科 Zosteropidae	暗绿绣眼鸟	*Zosterops japonicus*		东洋界	夏候鸟
	红胁绣眼鸟	*Zosterops erythropleurus*	国家二级	东洋界	夏候鸟
䴓科 Sittidae	黑头䴓	*Sitta villosa*	北京二级	古北界	留鸟
鹪鹩科 Troglodytidae	鹪鹩	*Troglodytes troglodytes*		广布种	留鸟
椋鸟科 Sturnidae	八哥	*Acridotheres cristatellus*	北京二级	东洋界	留鸟
	丝光椋鸟	*Spodiopsar sericeus*	北京二级	东洋界	留鸟
	灰椋鸟	*Spodiopsar cineraceus*		东洋界	留鸟
	北椋鸟	*Agropsar sturninus*		东洋界	旅鸟
	紫翅椋鸟	*Sturnus vulgaris*		古北界	旅鸟
鸫科 Turdidae	虎斑地鸫	*Zoothera aurea*		广布种	旅鸟
	灰背鸫	*Turdus hortulorum*		东洋界	旅鸟

	中文名	拉丁名	保护级别	区系成分	留鸟/候鸟
鸫科 Turdidae	乌鸫	*Turdus mandarinus*		广布种	留鸟
	白眉鸫	*Turdus obscurus*		广布种	旅鸟
	褐头鸫	*Turdus feae*	国家二级	东洋界	旅鸟
	赤颈鸫	*Turdus ruficollis*		古北界	旅鸟
	黑喉鸫	*Turdus atrogularis*		古北界	旅鸟
	斑鸫	*Turdus eunomus*	北京二级	广布种	旅鸟
	红尾斑鸫	*Turdus naumanni*		古北界	旅鸟
	宝兴歌鸫	*Turdus mupinensis*	北京二级	中国特有	旅鸟
	白喉矶鸫	*Monticola gularis*		古北界	旅鸟
	蓝矶鸫	*Monticola solitarius*		广布种	旅鸟
鹟科 Muscicapidae	寿带	*Terpsiphone incei*	北京一级	广布种	留鸟
	文须雀	*Panurus biarmicus*		古北界	留鸟
	欧亚鸲	*Erithacus rubecula*		广布种	旅鸟
	红尾歌鸲	*Larvivora sibilans*		东洋界	旅鸟
	蓝歌鸲	*Larvivora cyane*		东洋界	夏候鸟
	红喉歌鸲	*Calliope calliope*	国家二级	古北界	旅鸟
	蓝喉歌鸲	*Luscinia svecica*	国家二级	广布种	夏候鸟
	红胁蓝尾鸲	*Tarsiger cyanurus*		古北界	旅鸟
	北红尾鸲	*Phoenicurus auroreus*		东洋界	夏候鸟
	黑喉石䳭	*Saxicola maurus*		广布种	夏候鸟

	中文名	拉丁名	保护级别	区系成分	留鸟/候鸟
鹟科 Muscicapidae	白顶鵖	*Oenanthe pleschanka*		广布种	夏候鸟
	北灰鹟	*Muscicapa dauurica*	北京二级	东洋界	旅鸟
	乌鹟	*Muscicapa sibirica*	北京二级	古北界	夏候鸟
	灰纹鹟	*Muscicapa griseisticta*	北京二级	东洋界	旅鸟
	白眉姬鹟	*Ficedula zanthopygia*	北京二级	东洋界	旅鸟
	黄眉姬鹟	*Ficedula narcissina*	北京一级	东洋界	旅鸟
	绿背姬鹟	*Ficedula elisae*	普通种类	东洋界	旅鸟
	鸲姬鹟	*Ficedula mugimaki*	北京二级	古北界	旅鸟
	红喉姬鹟	*Ficedula albicilla*	北京二级	古北界	夏候鸟
戴菊科	戴菊	*Regulus regulus*	北京二级	广布种	旅鸟
太平鸟科 Bombycillidae	太平鸟	*Bombycilla garrulus*	北京二级	全北界	旅鸟
	小太平鸟	*Bombycilla japonica*	北京二级	古北界	旅鸟
岩鹨科 Prunellidea	棕眉山岩鹨	*Prunella montanella*		古北界	冬候鸟
雀科 Passeridae	山麻雀	*Passer cinnamomeus*		东洋界	留鸟
	麻雀	*Passer montanus*		广布种	留鸟
	锡嘴雀	*Coccothraustes coccothraustes*	北京二级	古北界	旅鸟
	黑头蜡嘴雀	*Eophona personata*	北京二级	古北界	旅鸟

	中文名	拉丁名	保护级别	区系成分	留鸟/候鸟
雀科 Passeridae	黑尾蜡嘴雀	*Eophona migratoria*	北京二级	东洋界	旅鸟
	红腹灰雀	*Pyrrhula pyrrhula*		广布种	旅鸟
	普通朱雀	*Carpodacus erythrinus*		广布种	旅鸟
	金翅雀	*Chloris sinica*	北京二级	东洋界	旅鸟
	黄雀	*Spinus spinus*	北京二级	古北界	旅鸟
鹡鸰科 Motacillidae	山鹡鸰	*Dendronanthus indicus*		东洋界	夏候鸟
	黄鹡鸰	*Motacilla tschutschensis*		广布种	旅鸟
	黄头鹡鸰	*Motacilla citreola*		广布种	夏候鸟
	灰鹡鸰	*Motacilla cinerea*		广布种	夏候鸟
	白鹡鸰	*Motacilla alba*		广布种	夏候鸟
	田鹨	*Anthus richardi*		广布种	夏候鸟
	树鹨	*Anthus hodgsoni*		广布种	夏候鸟
	红喉鹨	*Anthus cervinus*		广布种	旅鸟
	水鹨	*Anthus spinoletta*		广布种	旅鸟
	黄腹鹨	*Anthus rubescens*		广布种	旅鸟
	草地鹨	*Anthus pratensis*			
燕雀科 Fringillidae	燕雀	*Fringilla montifringilla*	北京二级	广布种	冬候鸟
	北朱雀	*Carpodacus roseus*	北京二级		冬候鸟
	长尾雀	*Carpodacus sibiricus*	京		冬候鸟
	红交嘴雀	*Loxia curvirostra*	国家二级		冬候鸟

	中文名	拉丁名	保护级别	区系成分	留鸟/候鸟
鹀科 Emberizidae	铁爪鹀	*Calcarius lapponicus*		全北界	冬候鸟
	灰眉岩鹀	*Emberiza godlewskii*		古北界	留鸟
	三道眉草鹀	*Emberiza cioides*	北京二级	东洋界	留鸟
	白眉鹀	*Emberiza tristrami*		东洋界	冬候鸟
	栗耳鹀	*Emberiza fucata*		东洋界	留鸟
	小鹀	*Emberiza pusilla*		广布种	冬候鸟
	黄眉鹀	*Emberiza chrysophrys*		东洋界	旅鸟
	田鹀	*Emberiza rustica*		古北界	冬候鸟
	黄喉鹀	*Emberiza elegans*	北京二级	东洋界	留鸟
	黄胸鹀	*Emberiza aureola*	国家一级	古北界	旅鸟
	栗鹀	*Emberiza rutila*		东洋界	旅鸟
	灰头鹀	*Emberiza spodocephala*		东洋界	旅鸟
	苇鹀	*Emberiza pallasi*		东洋界	旅鸟
	红颈苇鹀	*Emberiza yessoensis*		东洋界	旅鸟
	芦鹀	*Emberiza schoeniclus*		广布种	旅鸟
	白头鹀	*Emberiza leucocephalos*			

附录Ⅳ 北京经开区昆虫名录（截至 2024 年）

	种	拉丁名
昆虫纲		
鳞翅目		
羽蛾科	艾蒿滑羽蛾	*Hellinsia lienigiana*
螟蛾科	豆荚斑螟	*Etiella zinckenella*
	二点织螟	*Aphomia zelleri*
	灰直纹螟	*Orthopygia glaucinalis*
	库氏岐角螟	*Endotricha kuznetzovi*
草螟科	早熟禾拟茎草螟	*Parapediasia teterrellus*
	白点暗野螟	*Bradina atopalis*
	玉米螟	*Ostrinia nubilalis*
	稻筒水螟	*Parapoynx vittalis*
	黄纹髓草螟	*Calamotropha paludella*
	四斑绢野螟	*Glyphodes quadirmaculalis*
	细条纹野螟	*Tabidia strigiferalis*
	黄纹野螟	*Pyrausta aurata*
	款冬玉米螟	*Ostrinia scapulalis*
	豆褐啮叶野螟	*Omiodes indicata*
	三纹啮叶野螟	*Omiodes tristrialis*
	棉塘水螟	*Elophila interruptalis*
	大禾螟	*Schoenobius gigantellus*
灯蛾科	美国白蛾	*Hyphantria cunea*
粉蝶科	菜粉蝶	*Pieris rapae*

	种	拉丁名
粉蝶科	东亚豆粉蝶	*Colias poliographus*
	云粉蝶	*Pontia daplidice*
巢蛾科	东京巢蛾	*Yponomeuta kanaiellus*
列蛾科	和列蛾	*Autosticha modicella*
夜蛾科	八字地老虎	*Xestia c-nigrum*
	白肾俚夜蛾	*Deltote martjanovi*
	标瑙夜蛾	*Maliattha signifera*
	淡剑贪夜蛾	*Spodoptera depravata*
	乏夜蛾	*Niphonyx segregata*
	粉缘钻夜蛾	*Earias pudicana*
	甘蓝夜蛾	*Mamestra brassicae*
	黄地老虎	*Agrotis segetum*
	棉铃虫	*Helicoverpa armigera*
	黏虫	*Mythimna separata*
	瘦银锭夜蛾	*Macdunnoughia confusa*
	甜菜夜蛾	*Spodoptera exigua*
	朽木夜蛾	*Axylia putris*
	旋幽夜蛾	*Hadula trifolii*
	银纹夜蛾	*Ctenoplusia agnata*
蚕蛾科	野蚕	*Bombyx mandarina*
天蛾科	红天蛾	*Deilephila elpenor*
	雀纹天蛾	*Theretra japonica*
展足蛾科	桃展足蛾	*Stathmopoda auriferella*

	种	拉丁名
舟蛾科	角翅舟蛾	*Gonoclostera timoniorum*
	杨小舟蛾	*Micromelalopha sieversi*
尺蛾科	醋栗尺蛾	*Abraxas grossulariata*
	槐尺蛾	*Chiasmia cinerearia*
	桑尺蛾	*Menophra atrilineata*
	丝棉木金星尺蛾	*Abraxas suspecta*
菜蛾科	小菜蛾	*Plutella xylostella*
木蠹蛾科	小木蠹蛾	*Holcocerus insularis*
	榆木蠹蛾	*Holcocerus vicarius*
卷蛾科	白钩小卷蛾	*Epiblema foenella*
	苹大卷叶蛾	*Choristoneura longicellana*
	苹黑痣小卷蛾	*Rhopobota naevana*
	苹小卷叶蛾	*Adoxophyes orana*
	松实小卷蛾	*Retinia cristata*
灰蝶科	乌洒灰蝶	*Satyrium w-album*
	中华爱灰蝶	*Aricia chinensis*
鞘翅目		
金龟科	暗黑鳃金龟	*Holotrichia parallela*
	福婆鳃金龟	*Brahmina faldermanni*
	华北大黑鳃金龟	*Holotrichia oblita*
	鲜黄鳃金龟	*Pseudosymmachia impressifrons*
	小青花金龟	*Oxycetonia jucunda*
	中华晓扁犀金龟	*Eophileurus chinensis*

	种	拉丁名
金龟科	黄褐异丽金龟	*Anomala exoleta*
	铜绿异丽金龟	*Anomala corpulenta*
	中华弧丽金龟	*Popillia quadriguttata*
	截微筒蜉金龟	*Pleurophorus caesus*
	德国蜉金龟	*Rhyssemus germanus*
拟步甲科	家园朽木甲	*Allecula* sp.
	林氏伪叶甲	*Lagria hirta*
	网目土甲	*Gonocephalum reticulatum*
沼甲科	日本沼甲	*Scirtes japonicus*
步甲科	半点锥须步甲	*Bembidion semipunctatum*
	半猛步甲	*Cymindis daimio*
	谷婪步甲	*Harpalus calceatus*
	黄斑青步甲	*Chlaenius micans*
	黄鞘婪步甲	*Harpalus pallidipennis*
	毛婪步甲	*Harpalus griseus*
	四斑小步甲	*Elaphropus (Tachyura) gradatus*
	小边棘步甲	*Badister marginellus*
	直角婪步甲	*Harpalus corporosus*
	斜条虎甲	*Cylindera obliquefasciata*
	星斑虎甲	*Cylindera kaleea*
	云纹虎甲	*Cylindera elisae*
蚁形甲科	三斑一角甲	*Notoxus trinotatus*
伪叶甲科	红翅伪叶甲	*Lagria rufipennis*

	种	拉丁名
叶甲科	大麻蚤跳甲	*Psylliodes attenuata*
	褐背小萤叶甲	*Galerucella grisescens*
	黄曲条跳条甲	*Phyllotreta striolata*
	柳沟胸跳甲	*Crepidodera pluta*
	柳圆叶甲	*Plagiodera versicolora*
	榆黄叶甲	*Pyrrhalta maculicollis*
	长腿水叶甲	*Donacia provosti*
	甘薯肖叶甲	*Colasposoma dauricum*
	谷子鳞斑肖叶甲	*Pachnephorus lewisi*
	褐足角胸肖叶甲	*Basilpta fulvipes Motschulsky*
	中华萝藦叶甲	*Chrysochus chinensis*
	皱背肖叶甲	*Abiromorphus anceyi*
郭公虫科	普通郭公虫	*Clerid*
锯谷盗科	三星谷盗	*Psammoecus triguttatus*
瓢虫科	龟纹瓢虫	*Propylea japonica*
	黑背毛瓢虫	*Scymnus (Neopullus) bahai*
	马铃薯瓢虫	*Henosepilachna vigintioctomaculata*
	十二斑褐菌瓢虫	*Vibidia duodecimguttata*
	十六星瓢虫	*Harmonia axyridis*
	十三星瓢虫	*Hippodamia tredecimpunctata*
	异色瓢虫	*Harmonia axyridis*
	展缘异点瓢虫	*Aiolocaria kobensis*
隐翅虫科	梭毒隐翅虫	*Paederus fuscipes*

	种	拉丁名
龙虱科	宽缝斑龙虱	*Hydaticus grammicus*
	双带短褶龙虱	*Hydroglyphus licenti*
象甲科	沟眶象甲	*Eucryptorrhynchus scrobiculatus*
	榆跳象	*Orchestes alni*
长角甲科	斑点松锯鳃	*Monochamus maculosus*
叩甲科	泥红槽缝叩甲	*Agrypnus argillaceus*
	双瘤槽缝叩甲	*Agrypnus bipapulatus*
	角斑贫脊叩甲	*Aeoloderma agnata*
牙甲科	淡绿刺鞘牙甲	*Berosus- (Enoplurus) spinosus*
	钝刺腹牙甲	*Hydrochara affinis*
	乌苏苍白牙甲	*Enochrus (Holcophilydrus) simulans*
蜻蜓目		
蜻科	白尾灰蜻	*Orthetrum albistylum*
	黑丽翅蜻	*Rhyothemis fuliginosa*
	红蜻	*Crocothemis servilia*
	玉带蜻	*Pseudothemis zonata*
伪蜻科	闪蓝丽大伪蜻	*Epophthalmia elegans*
扇蟌科	黑狭扇蟌	*Copera tokyoensis*
蜓科	碧伟蜓	*Anax parthenope julius*
蟌科	东亚异痣蟌	*Ischnura asiatica*
	七条尾蟌	*Paracercion plagiosum*
	苇尾蟌	*Paracercion calamorum*
	长叶异痣蟌	*Ischnura elegans*

	种	拉丁名
半翅目		
地长蝽科	白斑地长蝽	*Panaorus albomaculatus*
长蝽科	角红长蝽	*Lygaeus hanseni*
飞虱科	大斑飞虱	*Euides speciosa*
	褐飞虱	*Nilaparvata lugens*
	灰飞虱	*Laodelphax striatella*
	芦苇绿飞虱	*Chloriona tateyamana*
广翅蜡蝉科	透翅疏广蜡蝉	*Euricania clara*
蝉科	蟪蛄	*Platypleura kaempferi*
	蒙古寒蝉	*Meimuna mongolica*
	蚱蝉	*Cryptotympana atrata*
姬蝽科	华姬蝽	*Nabis sinoferus*
象蜡蝉科	伯瑞象蜡蝉	*Raivuna patruelis*
负子蝽科	日拟负蝽	*Appasus japonicus*
蝽科	茶翅蝽	*Halymorpha halys*
	斯氏珀蝽	*Plautia stali*
	蠋蝽	*Arma chinensis*
叶蝉科	窗耳叶蝉	*Ledra auditura*
	大青叶蝉	*Cicadella viridis*
	截突窄头叶蝉	*Batracomorphus allionii*
	宽凹片角叶蝉	*Idiocerus latus*
	宽突二叉叶蝉	*Macrosteles cristatus*
	李氏菱纹叶蝉	*Hishimonus sellatus*

	种	拉丁名
	柳宽突叶蝉	*Idiocerus salicis*
	棉奥小叶蝉	*Austroasca vittata*
叶蝉科	宋小绿叶蝉	*Kybos soosi*
	条沙叶蝉	*Psammotettix striatus*
	一点木叶蝉	*Phlogotettix cyclops*
跷蝽科	锤胁跷蝽	*Yemma signatus*
缘蝽科	点蜂缘蝽	*Riptortus pedestris*
土蝽科	青革土蝽	*Macroscytus subaeneus*
	圆阿土蝽	*Adomerus rotundus*
	豆蚜	*Aphis craccivora*
蚜科	柳蚜	*Aphis farinosa*
	桃粉大尾蚜	*Hyalopterus persikonus*
	豌豆蚜	*Acyrthosiphon pisum*
	甘薯跃盲蝽	*Ectmetopterus micantulus*
	黑唇苜蓿盲蝽	*Adelphocoris nigritylus*
	黑食蚜盲蝽	*Deraeocoris punctulatus*
	黄束盲蝽	*Pilophorus aureus*
盲蝽科	绿盲蝽	*Apolygus lucorum*
	蒙古条斑翅盲蝽	*Tuponia mongolica*
	三点苜蓿盲蝽	*Adelphocoris fasciaticollis*
	斯氏后丽盲蝽	*Apolygus spinolae*
	杂毛合垫盲蝽	*Orthotylus flavosparsus*
	中黑苜蓿盲蝽	*Adelphocoris suturalis*

	种	拉丁名
盲蝽科	紫斑突额盲蝽	*Pseudoloxops guttatus*
黾蝽科	圆臀大黾蝽	*Aquarius paludum*
双翅目		
蛾蠓科	白斑蛾蠓	*Telmatoscopus albipunctatus*
蜂虻科	绒蜂虻	*Villa* sp.
蚊科	白纹伊蚊	*Aedes albopictus*
	淡色库蚊	*Culex pipens*
摇蚊科	斑摇蚊	*Chironomus annularius*
	中华摇蚊	*Chironomus sinicus*
隐芒蝇科	中华隐芒蝇	*Cryptochetum sinicum*
扁足蝇科	粗鬃粗腿扁足蝇	*Agathomyia antennata*
丽蝇科	叉叶绿蝇	*Lucilia caesar*
	朝鲜陪丽蝇	*Bellardia chosenensis*
	大头金蝇	*Chrysomya megacephala*
	反吐丽蝇	*Calliphora vomitoria*
	亮绿蝇	*Lucilia illustris*
	蒙古拟粉蝇	*Polleniopsis mongolica*
	沈阳绿蝇	*Lucilia shenyangensis*
	丝光绿蝇	*Lucilia sericata*
	铜绿蝇	*Lucilia cuprina*
	丽蝇	*Calliphoridae* sp.
禾蝇科	川地禾蝇	*Geomyza envirata*
缟蝇科	佛坪同脉缟蝇	*Homoneura (Homoneura) fopingensis*

	种	拉丁名
寄蝇科	腹长足寄蝇	*Dexia ventralis*
	红腹敏寄蝇	*Mintho rufiventris*
	灰腹狭颊寄蝇	*Carcelia rasa*
	灰颊寄蝇	*Dexiosoma caninum*
	午亮寄蝇	*Leucostoma meridianum*
	乡蜗寄蝇	*Peleteria iavana*
食虫虻科	三叉裂肛食虫虻	*Heligmonevra trifurca*
	黄毛切突食虫虻	*Eutolmus rufibarbis*
	佐氏弯顶毛食虫虻	*Neoitamus zouhari*
	微芒食虫虻	*Microstylum dux*
	窄颌食虫虻	*Stenopogon macilentus Loew*
水虻科	光亮扁角水虻	*Hermetia illucens*
	黄足瘦腹水虻	*Sargus flavipes*
	上海小丽水虻	*Microchrysa shanghaiensis*
	长角水虻	*Stratiomys longicornis*
	直刺鞍腹水虻	*Clitellaria bergeri*
虻科	察哈尔斑虻	*Chrysops chaharicus*
	汉氏虻	*Tabanus haysi*
	黄绿黄虻	*Atylotus horvathi*
	中华斑虻	*Chrysops sinensis*
	中华麻虻	*Haematopota sinensis*
长足虻科	脉长足虻	*Neurigona* sp.
花蝇科	横带花蝇	*Anthomyia illocata*
	灰地种蝇	*Delia platura*

	种	拉丁名
花蝇科	毛跗地种蝇	*Delia florilega*
	七星花蝇	*Anthomyia imbrida*
食蚜蝇科	黑带蚜蝇	*Episyrphus balteata*
	红突突角蚜蝇	*Ceriana hungkingi*
	刻点小蚜蝇	*Paragus tibialis*
	弯腹叉茎管蚜蝇	*Tigridemyia curvigaster*
	洋葱平颜蚜蝇	*Eumerus strigatus*
小粪蝇科	溪雅小粪蝇	*Leptocera fontinalis*
大蚊科	离斑指突短柄大蚊	*Nephrotoma scalaris*
	双斑比栉大蚊	*Pselliophora bifascipennis*
菌蚊科	小菌蚊	*Sciophila* sp.
麻蝇科	黑尾黑麻蝇	*Sarcophaga depressifrons*
	酱麻蝇	*Liosarcophaga dux*
	台南钳麻蝇	*Sarcophaga josephi*
	结节亚麻蝇	*Parasarcophaga tuberosa*
广口蝇科	东北广口蝇	*Platystoma mandschuricum*
蝇科	绯胫纹蝇	*Graphomya rufitibia*
	家蝇	*Musca domestica*
	牧场腐蝇	*Muscina pascuorum*
	肖腐蝇	*Muscina levida*
	黑胸齿股蝇	*Hydrotaea velutina*

直翅目

蚱科	波氏蚱	*Tetrix bolivari*

	种	拉丁名
蝼蛄科	东方蝼蛄	*Gryllotalpa orientalis*
锥头蝗科	短额负蝗	*Atractomorpha sinensis*
剑角蝗科	中华剑角蝗	*Acrida cinerea*
螽斯科	日本条螽	*Ducetia japonica*
树蟋科	长瓣树蟋	*Oecanthus longicauda*
蟋蟀科	斑翅灰针蟋	*Polionemobius taprobanensis*
	斑腿双针蟋	*Dianemobius fascipes*
	多伊棺头蟋	*Loxoblemmus doenitzi*
	黄脸油葫芦	*Teleogryllus emma*
	迷卡斗蟋	*Velarifictorus micado*
	小棺头蟋	*Loxoblemmus aomoriensis*
斑翅蝗科	花胫绿纹蝗	*Aiolopus tamulus*

膜翅目

胡蜂科	变侧异腹胡蜂	*Parapolybia varia*
	石长黄胡蜂	*Dolichovespula saxonica*
	细黄胡蜂	*Vespula flaviceps*
蜜蜂科	意大利蜜蜂	*Apis mellifera*
蚁科	草地铺道蚁	*Tetramorium caespitum*
	股叶蚂蚁	*Tiphia femorata*
	黑毛蚁	*Lasius niger*
	掘穴蚁	*Formica cunicularia*
	玛氏举腹蚁	*Crematogaster matsumurai*
	日本弓背蚁	*Camponotus japonicus*

	种	拉丁名
金小蜂科	小蠹凹面四斑金小蜂	*Cheiropachus cavicapitis*
姬蜂科	花胫蚜蝇姬蜂	*Diplazon laetatorius*
	松毛虫异足姬蜂	*Heteropelma amictum*
	舞毒蛾黑瘤姬蜂	*Coccygomimus disparis*
蜾蠃科	黄喙蜾蠃	*Rhynchium quinquecinctum*
	日本佳盾蜾蠃	*Euodynerus nipanicus*
方头泥蜂科	赤腹快足小唇泥蜂	*Tachysphex pompiliformis*
泥蜂科	红腰沙泥蜂	*Ammophila infersa*
	蓝玻璃泥蜂	*Sceliphuron inflexum*
青蜂科	大青蜂	*Stilbum cyanurum*
蜚蠊目		
地鳖科	中华真地鳖	*Eupolyphaga sinensis*
脉翅目		
草蛉科	大草蛉	*Chrysopa pallens*
	丽草蛉	*Chrysopa formosa*
蛛形纲		
蜘蛛目		
园蛛科	大腹园蛛	*Araneus ventricosus*
蟹蛛科	冠花蟹蛛	*Xysticus cristatus*
	条纹绿蟹蛛	*Oxytate striatipes*
球蛛科	温室拟肥腹蛛	*Parasteatoda tepidariorum*
漏斗蛛科	缘漏斗蛛	*Agelena limbata*

附录Ⅴ　北京经开区生态系统调研部分样方记录表

样方 1　毛泡桐群落

样方面积：20 m×20 m；层盖度：95%；地点：国际企业文化园（西）；地理位置：39.806853ºN，116.486393ºE；海拔：21 m；坡向：平坡；坡度：0º；调查日期：2022 年 8 月 4 日；调查者：于顺利、牛美蓉、陈颀、杨峥、张渊媛。

表 1　毛泡桐群落物种组成表

中文名	拉丁名	高度 /cm	株数	盖度 /%	生活型	物候期
毛泡桐	*Paulownia tomentosa*	14 m	15	55	乔木	果后期
无灌木层						
草本层，小样方 1-1，面积：1 m×1 m						
早开堇菜	*Viola prionantha*	7	12	10	草本	果期
苣荬菜	*Sonchus wightianus*	4	1	1	草本	果期
蛇莓	*Duchesnea indica*	3	1	1	草本	花期
龙葵	*Solanum nigrum*	7	1	1	草本	花期
附地菜	*Trigonotis peduncularis*	2	120	12	草本	营养期
草本层，小样方 1-2，面积：1 m×1 m						
打碗花	*Calystegia hederacea*	6	2	6	草本	花期
芥叶蒲公英	*Taraxacum brassicaefolium*	5	1	1	草本	营养期
早开堇菜	*Viola prionantha*	6	10	6	草本	营养期
苣荬菜	*Sonchus wightianus*	2	5	2	草本	花期
马唐	*Digitaria ciliaris*	5	42	13	草本	花期

中文名	拉丁名	高度 /cm	株数	盖度 /%	生活型	物候期
蟋蟀草	*Eleusine indica*	11	3	1	草本	花期
车前	*Plantago depressa*	2	1	1	草本	花期
草本层，小样方 1-3，面积：1 m×1 m						
铁苋菜	*Acalypha australis*	8	2	2	草本	花期
早开堇菜	*Viola prionantha*	4	17	5	草本	营养期
蟋蟀草	*Eleusine indica*	7	1	1	草本	花期
蛇莓	*Duchesnea indica*	3	2	2	草本	果期
草本层，小样方 1-4，面积：1 m×1 m						
早开堇菜	*Viola prionantha*	7	16	10	草本	营养期
桑（幼苗）	*Morus alba*	7	5	2	木本	营养期
马唐	*Digitaria ciliaris*	20	3	1	草本	花期
蟋蟀草	*Eleusine indica*	13	1	1	草本	花期
附地菜	*Trigonotis peduncularis*	1	52	15	草本	营养期
酢浆草	*Oxalis corniculata*	4	2	2	草本	花期
草本层，小样方 1-5，面积：1 m×1 m						
止血马唐	*Digitaria ischaemum*	19	4	4	草本	营养期
桑（幼苗）	*Morus alba*	26	3	2	木本	营养期
藜	*Chenopodium album*	9	1	1	草本	花期
牛筋草	*Eleusine indica*	5	3	1	草本	花期
附地菜	*Trigonotis peduncularis*	2	167	16	草本	营养期
酢浆草	*Oxalis corniculata*	5	3	1	草本	花期
茜草	*Rubia cordifolia*	11	1	1	草本	花期

样方 2　毛白杨群落

样方面积：20 m×20 m；层盖度：95%；地点：国际企业文化园（西）；地理位置：39.807298ºN，116.487381ºE，海拔：26 m；坡向：平坡；坡度：0º；调查日期：2022 年 8 月 4 日，调查者：于顺利、牛美蓉、陈颀、杨峥、张渊媛。

表 2　毛白杨群落物种组成表

中文名	拉丁名	高度/cm	株数	盖度/%	生活型	物候期
毛白杨	*Paulownia tomentosa*	18.8 m	28	75	乔木	果后期
无灌木层						
草本层，小样方 2-1，面积：1 m×1 m						
狗尾草	*Setaria viridis*	17	27	27	草本	花期
芥叶蒲公英	*Taraxacum brassicaefolium*	4	2	2	草本	营养期
蒲公英	*Taraxacum mongolicum*	7	4	4	草本	营养期
酢浆草	*Oxalis corniculata*	3	2	1	草本	花期
苣荬菜	*Sonchus wightianus*	4	11	5	草本	果期
诸葛菜	*Orychophragmus violaceus*	6	3	1	草本	营养期
平车前	*Plantago depressa*	1	1	1	草本	花期
草本层，小样方 2-2，面积：1 m×1 m						
马齿苋	*Portulaca oleracea*	5	3	1	草本	花期
酢浆草	*Oxalis corniculata*	5	2	1	草本	花期
合被苋	*Amaranthus polygonoides*	1	1	1	草本	花期
牛筋草	*Eleusine indica*	20	55	27	草本	花期

中文名	拉丁名	高度 / cm	株数	盖度 / %	生活型	物候期
苣荬菜	*Sonchus wightianus*	3	2	1	草本	果期
中华苦荬菜	*Ixeris chinensis*	1	1	—	草本	营养期
平车前	*Plantago depressa*	2	1	1	草本	花期
地锦草	*Euphorbia humifusa*	3	2	1	草本	花期
荠菜	*Capsella bursa-pastoris*	3	80	37	草本	果期
草本层，小样方 2-3，面积：1 m×1 m						
早开堇菜	*Trigonotis peduncularis*	7	7	7	草本	营养期
狗尾草	*Setaria viridis*	12	8	4	草本	果期
桑（幼苗）	*Morus alba*	3	2	1	木本	营养期
中华苦荬菜	*Ixeris chinensis*	8	12	3	草本	果期
牛筋草	*Eleusine indica*	11	4	1	草本	果期
酢浆草	*Oxalis corniculata*	2	4	1	草本	花期
蒲公英	*Taraxacum mongolicum*	3	2	2	草本	营养期
附地菜	*Trigonotis peduncularis*	1	87	11	草本	营养期
草本层，小样方 2-4，面积：1 m×1 m						
止血马唐	*Digitaria ischaemum*	17	99	33	草本	花期
中华苦荬菜	*Ixeris chinensis*	7	3	3	草本	果期
早开堇菜	*Trigonotis peduncularis*	5	1	1	草本	营养期
荠菜	*Capsella bursa-pastoris*	3	108	15	草本	果期
酢浆草	*Oxalis corniculata*	2	3	1	草本	花期
草本层，小样方 2-5，面积：1 m×1 m						
牛筋草	*Eleusine indica*	17	11	5	草本	花期
蒲公英	*Taraxacum mongolicum*	4	3	1	草本	营养期

中文名	拉丁名	高度/cm	株数	盖度/%	生活型	物候期
附地菜	*Trigonotis peduncularis*	4	248	63	草本	营养期
酢浆草	*Oxalis corniculata*	8	3	1	草本	花期
桑（幼苗）	*Morus alba*	5	5	2	木本	营养期
构（幼苗）	*Brousonetia papyrifera*	3	1	1	木本	营养期
止血马唐	*Digitaria ischaemum*	4	9	2	草本	花期

样方 3 槐群落

样方面积：20 m×20 m；层盖度：100%；地点：国际企业文化园（西）；地理位置：39.805283ºN，116.481942ºE，海拔：14 m；坡向：平坡；坡度：0º；调查日期：2022 年 8 月 5 日上午，调查者：于顺利、牛美蓉、陈颀、杨峥、张渊媛。

表 3 槐群落物种组成表

中文名	拉丁名	高度/cm	株数	盖度/%	生活型	物候期
槐*	*Styphnolobium japonicum*	14 m	27	96	乔木	果后期
栾树	*Koelreuteria paniculata*	9 m	7	4	乔木	果期
无灌木层						
草本层，小样方 3-1，面积：1 m×1 m						
早开堇菜	*Trigonotis peduncularis*	10	3	3	草本	营养期
止血马唐	*Digitaria ischaemum*	5	5	1	草本	花期
中华苦荬菜	*Ixeris chinensis*	3	1	1	草本	果期

中文名	拉丁名	高度/cm	株数	盖度/%	生活型	物候期
草本层，小样方 3-2，面积：1 m×1 m						
中华苦荬菜	*Ixeris chinensis*	6	13	4	草本	果期
桑（幼苗）	*Morus alba*	5	5	1	木本	营养期
止血马唐	*Digitaria ischaemum*	4	2	1	草本	花期
草本层，小样方 3-3，面积：1 m×1 m						
早开堇菜	*Trigonotis peduncularis*	13	32	32	草本	营养期
中华苦荬菜	*Ixeris chinensis*	4	3	1	草本	果期
止血马唐	*Digitaria ischaemum*	8	8	2	草本	花期
草本层，小样方 3-4，面积：1 m×1 m						
早开堇菜	*Trigonotis peduncularis*	11	11	11	草本	营养期
中华苦荬菜	*Ixeris chinensis*	7	12	5	草本	果期
狗尾草	*Setaria viridis*	16	3	1	草本	花期
蒲公英	*Taraxacum mongolicum*	7	1	1	草本	营养期
草本层，小样方 3-5，面积：1 m×1 m						
狗尾草	*Setaria viridis*	20	22	14	草本	花期
早开堇菜	*Trigonotis peduncularis*	8	8	8	草本	营养期
中华苦荬菜	*Ixeris chinensis*	5	8	3	草本	果期

注：＊栽培种。

样方 4　白蜡林群落

　　样方面积：20 m×20 m；层盖度：70%；地点：旧宫地铁站东；地理位置：39.806581ºN，116.457523ºE，海拔：22 m；坡向：平坡；

坡度：0°；调查日期：2022 年 8 月 9 日上午，调查者：于顺利、牛
美蓉、陈顾、杨峥、张渊媛。

表 4　白蜡林物种组成表

中文名	拉丁名	高度 / cm	株数	盖度 / %	生活型	物候期
洋白蜡	*Fraxinus pennsylvanica*	8 m	32	70	乔木	果期
无灌木层						
草本层，小样方 4-1，面积：1 m×1 m						
紫苜蓿	*Medicago sativa*	33	3	40	草本	花期
藜	*Chenopodium album*	22	3	3	草本	果期
狗尾草	*Setaria viridis*	37	7	14	草本	花期
金鸡菊*	*Coreopsis basalis*	20	5	7	草本	花期
刺儿菜	*Cirsium arvense* var. *integrifolium*	16	3	3	草本	花后期
萝藦	*Metaplexis japonica*	21	1	1	草本	花期
草本层，小样方 4-2，面积：1 m×1 m						
翅果菊	*Pterocypsela indica*	39	6	6	草本	营养期
狗尾草	*Setaria viridis*	55	14	15	草本	花期
桑（幼苗）	*Morus alba*	48	2	3	木本	营养期
萝藦	*Metaplexis japonica*	24	3	7	草本	花期
小蓬草	*Conyza canadensis*	33	5	3	草本	花期
宿根天人菊	*Gaillardia aristata*	25	8	16	草本	花期
藜	*Chenopodium album*	11	2	1	草本	果期
蒲公英	*Taraxacum mongolicum*	5	3	3	草本	营养期
榆	*Ulmus pumila*	8	5	10	草本	营养期

中文名	拉丁名	高度/cm	株数	盖度/%	生活型	物候期
朝天委陵菜	*Potentilla supina*	1	4	1	草本	花期
夏至草	*Lagopsis supina*	2	39	8	草本	营养期
草本层，小样方 4-3，面积：1 m×1 m						
宿根天人菊	*Gaillardia aristata*	14	38	70	草本	花期
狗尾草	*Setaria viridis*	21	3	1	草本	花期
止血马唐	*Digitaria ischaemum*	16	4	4	草本	花期
藜	*Chenopodium album*	5	17	4	草本	果期
草本层，小样方 4-4，面积：1 m×1 m						
宿根天人菊	*Gaillardia aristata*	12	29	25	草本	花期
高羊茅	*Festuca elata*	16	8	8	草本	花期
狗尾草	*Setaria viridis*	13	28	28	草本	花期
榆（幼苗）	*Ulmus pumila*	7	4	2	木本	营养期
打碗花	*Calystegia hederacea*	15	1	1	草本	花期
草本层，小样方 4-5，面积：1 m×1 m						
宿根天人菊	*Gaillardia aristata*	15	33	33	草本	花期
狗尾草	*Setaria viridis*	14	17	27	草本	花期
榆（幼苗）	*Ulmus pumila*	6	3	3	木本	营养期

注：* 栽培种。

样方 5　银杏群落

　　面积：20 m×20 m；层盖度：16%；地点：旧宫地铁站东；地理位置：39.807611ºN，116.452425ºE，海拔：24 m；坡向：平坡；坡度：0º；调查日期：2022 年 8 月 9 日上午，调查者：于顺利、牛美蓉、陈颀、杨峥、张渊媛、胡璐祎。

表5　银杏群落物种组成表

中文名	拉丁名	高度/cm	株数	盖度/%	生活型	物候期
银杏	*Ginkgo biloba*	6 m	14	15	乔木	果期
海棠	*Malus spectabilis*	3 m	1	2	小乔木	果期
草本层，小样方 5-1，**面积：**1 m×1 m						
狼尾草	*Pennisetum alopecuroides*	38	1	1	草本	花期
刺儿菜	*Cirsium arvense* var. *integrifolium*	22	5	2	草本	花后期
早开堇菜	*Trigonotis peduncularis*	10	7	2	草本	营养期
斑地锦	*Euphorbia maculata*	5	6	2	草本	花期
高羊茅	*Festuca elata*	9	16	16	草本	花期
止血马唐	*Digitaria ischaemum*	13	26	48	草本	花期
草本层，小样方 5-2，面积：1 m×1 m						
止血马唐	*Digitaria ischaemum*	20	45	90	草本	花期
高羊茅	*Festuca elata*	8	4	6	草本	花期
中华苦荬菜	*Ixeris chinensis*	4	5	2	草本	果期
早开堇菜	*Trigonotis peduncularis*	6	3	1	草本	营养期
草本层，小样方 5-3，面积：1 m×1 m						
白茅	*Imperata cylindrica*	33	33	25	草本	花期
止血马唐	*Digitaria ischaemum*	13	25	25	草本	花期
高羊茅	*Festuca elata*	15	20	20	草本	花期
草本层，小样方 5-4，面积：1 m×1 m						
旋覆花	*Inula japonica*	10	18	10	草本	花期

中文名	拉丁名	高度/ cm	株数	盖度/ %	生活型	物候期
止血马唐	*Digitaria ischaemum*	11	45	55	草本	花期
高羊茅	*Festuca elata*	12	14	14	草本	花期
草本层，小样方 5-5，面积：1 m×1 m						
狗尾草	*Setaria viridis*	27	5	5	草本	花期
止血马唐	*Digitaria ischaemum*	7	15	15	草本	花期
高羊茅	*Festuca elata*	12	52	52	草本	花期

样方 6　栾树人工林

样方面积：20 m×20 m；层盖度：62%；地点：博大公园；地理位置：39.769784ºN，116.455784ºE，海拔：22 m；坡向：平坡；坡度：0º；调查日期：2022 年 8 月 10 日，调查者：于顺利、牛美蓉、陈颀、杨峥、张渊媛、胡璐祎。

表 6　栾树人工林物种组成表

中文名	拉丁名	高度/ cm	株数	盖度/ %	生活型	物候期
栾树	*Koelreuteria paniculata*	7 m	21	42	乔木	果期
山楂*	*Crataegus pinnatifida*	2 m	18	18	乔木	果期
白蜡树*	*Fraxinus chinensis*	6 m	1	3	乔木	果期
无灌木层						
草本层，小样方 6-1，面积：1 m×1 m						
早开堇菜	*Trigonotis peduncularis*	13	69	75	草本	营养期
止血马唐	*Digitaria ischaemum*	17	1	1	草本	花期

中文名	拉丁名	高度/cm	株数	盖度/%	生活型	物候期
草本层，小样方 6-2，面积：1 m×1 m						
早开堇菜	*Trigonotis peduncularis*	16	70	92	草本	营养期
草本层，小样方 6-3，面积：1 m×1 m						
狗尾草	*Setaria viridis*	57	17	70	草本	花期
早开堇菜	*Trigonotis peduncularis*	11	11	11	草本	营养期
止血马唐	*Digitaria ischaemum*	33	4	4	草本	花期
草本层，小样方 6-4，面积：1 m×1 m						
早开堇菜	*Trigonotis peduncularis*	9	21	21	草本	营养期
狗尾草	*Setaria viridis*	23	16	3	草本	花期
茜草	*Rubia cordifolia*	4	2	3	草本	花期
中华苦荬菜	*Ixeris chinensis*	1	1	1	草本	果期
草本层，小样方 6-5，面积：1 m×1 m						
狗尾草	*Setaria viridis*	23	48	29	草本	花期
早开堇菜	*Trigonotis peduncularis*	8	3	3	草本	营养期
金银木（幼苗）	*Lonicera maackii*	7	1	1	木本	营养期
鼠李 *（幼苗）	*Rhamnus davurica*	15	1	1	木本	营养期
栾树（幼苗）	*Koelreuteria paniculata*	6	1	1	木本	营养期
榆（幼苗）	*Ulmus pumila*	6	1	1	木本	营养期

注：* 栽培种。

样方 7 山桃群落

样方面积：5 m×5 m；层盖度：88%；地点：国际企业文化

园（西）；地理位置：39.810957ºN，116.485803ºE，海拔：28 m；坡向：平坡；坡度：0º；调查日期：2022 年 8 月 13 日，调查者：于顺利、牛美蓉、陈顾、杨峥、张渊媛、胡璐祎。

表 7　山桃群落物种组成表

中文名	拉丁名	高度 / cm	株数	盖度 / %	生活型	物候期
山桃 *	*Prunus davidiana*	3 m	69	88	灌木	营养期
碧桃	*Prunus persica* 'Duplex'	2 m	2	3	灌木	
草本层，小样方 7-1，面积：1 m×1 m						
蒲公英	*Taraxacum mongolicum*	10	7	85	草本	营养期
斑地锦	*Euphorbia maculata*	2	7	2	草本	花期
牛筋草	*Eleusine indica*	13	3	3	草本	花期
止血马唐	*Digitaria ischaemum*	6	13	13	草本	花期
草本层，小样方 7-2，面积：1 m×1 m						
狗尾草	*Setaria viridis*	36	6	7	草本	花期
牛筋草	*Eleusine indica*	28	2	2	草本	花期
止血马唐	*Digitaria ischaemum*	19	4	3	草本	花期
草本层，小样方 7-3，面积：1 m×1 m						
止血马唐	*Digitaria ischaemum*	5	8	3	草本	花期
中华苦荬菜	*Ixeris chinensis*	4	3	1	草本	果期
狗尾草	*Setaria viridis*	9	9	4	草本	花期
草本层，小样方 7-4，面积：1 m×1 m						
狗尾草	*Setaria viridis*	7	5	2	草本	花期
尖裂假还阳参	*Crepidiastrum sonchifolium*	1	9	3	草本	果期

中文名	拉丁名	高度/cm	株数	盖度/%	生活型	物候期
牛筋草	*Eleusine indica*	5	2	1	草本	花期
草本层，小样方 7-5，面积：1 m×1 m						
茜草	*Rubia cordifolia*	4	1	1	草本	花期
中华苦荬菜	*Ixeris chinensis*	3	1	1	草本	果期
狗尾草	*Setaria viridis*	6	13	3	草本	花期
尖裂假还阳参	*Crepidiastrum sonchifolium*	2	6	2	草本	果期

注：* 栽培种。

样方 8　圆柏林群落

样方面积：20 m×20 m；层盖度：85%；地点：国际企业文化园（西）；地理位置：39.822836°N，116.472748°E，海拔：31 m；坡向：平坡；坡度：0°；调查日期：2022 年 8 月 14 日，调查者：于顺利、牛美蓉、陈颀、杨峥、张渊媛、胡璐祎。

表 8　圆柏林群落物种组成表

中文名	拉丁名	高度/cm	株数	盖度/%	生活型	物候期
圆柏*	*Sabina chinensis*	6 m	45	80	乔木	果期
槐*	*Styphnolobium japonicum*	7 m	1	5	乔木	果期
无灌木层						
草本层，小样方 8-1，面积：1 m×1 m						
早开堇菜	*Trigonotis peduncularis*	10	12	12	草本	营养期
酢浆草	*Oxalis corniculata*	6	11	11	草本	花期
茜草	*Rubia cordifolia*	10	1	1	草本	花期

中文名	拉丁名	高度/cm	株数	盖度/%	生活型	物候期
榆	*Ulmus pumila*	7	29	5	草本	营养期
狗尾草	*Setaria viridis*	11	1	1	草本	花期
铁苋菜	*Acalypha australis*	7	1	1	草本	花期
蒲公英	*Taraxacum mongolicum*	9	6	6	草本	营养期
草本层,小样方 8-2,面积:1 m×1 m						
苦蘵	*Physalis angulata*	17	16	20	草本	营养期
茜草	*Rubia cordifolia*	17	6	6	草本	花期
榆苗	*Ulmus pumila*	8	13	2	草本	营养期
早开堇菜	*Trigonotis peduncularis*	12	4	4	草本	营养期
酢浆草	*Oxalis corniculata*	12	2	1	草本	花期
狗尾草	*Setaria viridis*	16	1	1	草本	花期
蒲公英	*Taraxacum mongolicum*	5	1	1	草本	营养期
铁苋菜	*Acalypha australis*	12	1	1	草本	花期
臭椿(幼苗)	*Ailanthus altissima*	9	1	1	草本	营养期
草本层,小样方 8-3,面积:1 m×1 m						
苦蘵	*Physalis angulata*	10	4	4	草本	营养期
早开堇菜	*Trigonotis peduncularis*	12	7	7	草本	营养期
构(幼苗)	*Brousonetia papyrifera*	12	2	2	木本	营养期
榆(幼苗)	*Ulmus pumila*	11	39	22	木本	营养期
酢浆草	*Oxalis corniculata*	12	7	7	草本	花期
狗尾草	*Setaria viridis*	13	1	1	草本	花期
草本层,小样方 8-4,面积:1 m×1 m						
旋覆花	*Inula japonica*	13	22	33	草本	花期

中文名	拉丁名	高度 / cm	株数	盖度 / %	生活型	物候期
酢浆草	*Oxalis corniculata*	11	22	31	草本	花期
龙葵	*Solanum nigrum*	13	2	3	草本	花期
臭椿苗	*Ailanthus altissima*	12	1	1	草本	营养期
榆（幼苗）	*Ulmus pumila*	9	33	6	木本	营养期
茜草	*Rubia cordifolia*	25	1	1	草本	花期
止血马唐	*Digitaria ischaemum*	21	1	1	草本	花期
构（幼苗）	*Brousonetia papyrifera*	13	2	2	木本	营养期
草本层，小样方 8-5，面积：1 m×1 m						
龙葵	*Solanum nigrum*	13	1	2	草本	花期
早开堇菜	*Trigonotis peduncularis*	9	9	12	草本	营养期
构（幼苗）	*Brousonetia papyrifera*	12	2	3	木本	营养期
蒲公英	*Taraxacum mongolicum*	11	1	2	草本	营养期
夏至草	*Lagopsis supina*	9	13	13	草本	营养期
酢浆草	*Oxalis corniculata*	11	1	2	草本	花期
臭椿（幼苗）	*Ailanthus altissima*	15	2	1	草本	营养期
榆（幼苗）	*Ulmus pumila*	9	5	1	木本	营养期

注：* 栽培种。

样方 9 旱柳群落

样方面积：30 m×10 m；层盖度：75% ～ 85%，地点：马驹桥湿地公园；地理位置：39.762168ºN，116.621396ºE，海拔：21 m，坡向：平坡；坡度：0º；调查日期：2022 年 8 月 16 日，调查者：于顺利、牛美蓉、陈顾、杨峥、张渊媛、胡璐祎。

表 9　旱柳群落物种组成表

中文名	拉丁名	高度 /cm	株数	盖度 /%	生活型	物候期
旱柳	*Salix matsudana*	12 m	14	24	乔木	营养期

无灌木层

草本层小样方 9-1，面积：1 m×1 m

中文名	拉丁名	高度 /cm	株数	盖度 /%	生活型	物候期
狗尾草	*Setaria viridis*	68	12	24	草本	花期
反枝苋	*Amaranthus retroflexus*	47	1	1	草本	营养期
龙葵	*Solanum nigrum*	17	1	1	草本	花期
铁苋菜	*Acalypha australis*	27	4	2	草本	花期
中华苦荬菜	*Ixeris chinensis*	5	4	1	草本	果期

草本层小样方 9-2，面积：1 m×1 m

中文名	拉丁名	高度 /cm	株数	盖度 /%	生活型	物候期
茜草	*Rubia cordifolia*	43	3	15	草本	文本草
狗尾草	*Setaria viridis*	73	12	18	草本	花期
铁苋菜	*Acalypha australis*	14	3	3	草本	花期
大刺儿菜	*Cirsium arvense*	46	2	2	草本	花期

草本层小样方 9-3，面积：1 m×1 m

中文名	拉丁名	高度 /cm	株数	盖度 /%	生活型	物候期
狗尾草	*Setaria viridis*	76	17	34	草本	花期
铁苋菜	*Acalypha australis*	33	13	13	草本	花期
中华苦荬菜	*Ixeris chinensis*	4	3	1	草本	果期
茜草	*Rubia cordifolia*	35	1	1	草本	花期
大刺儿菜	*Cirsium arvense*	12	1	1	草本	花期

草本层小样方 9-4，面积：1 m×1 m

中文名	拉丁名	高度 /cm	株数	盖度 /%	生活型	物候期
狗尾草	*Setaria viridis*	55	19	19	草本	花期
桑（幼苗）	*Morus alba*	49	1	4	木本	营养期

中文名	拉丁名	高度/cm	株数	盖度/%	生活型	物候期
萝藦	*Metaplexis japonica*	29	1	1	草本	花期
铁苋菜	*Acalypha australis*	33	8	8	草本	花期
藜	*Chenopodium album*	17	1	1	草本	花期
中华苦荬菜	*Ixeris chinensis*	5	1	1	草本	果期
蒲公英	*Taraxacum mongolicum*	4	14	7	草本	营养期
草本层小样方 9-5，面积：1 m×1 m						
旋覆花	*Inula japonica*	21	63	82	草本	花期
狗尾草	*Setaria viridis*	75	9	11	草本	花期
龙葵	*Solanum nigrum*	33	1	2	草本	花期
铁苋菜	*Acalypha australis*	31	7	7	草本	花期
萝藦	*Metaplexis japonica*	15	1	1	草本	花期
茜草	*Rubia cordifolia*	29	2	3	草本	花期
平车前	*Plantago depressa*	34	2	2	草本	花期
草本层小样方 9-6，面积：1 m×1 m						
地黄	*Rehmannia glutinosa*	12	47	95	草本	花期
茜草	*Rubia cordifolia*	22	2	2	草本	花期
狗尾草	*Setaria viridis*	38	4	1	草本	花期

样方 10　油松群落

样方面积：10 m×10 m；层盖度：75%～95%；地点：台湖公园；地理位置：39.840000°N，116.402217°E，海拔：9 m；坡向：平坡；坡度：0°；调查日期：2022 年 9 月 29 日，调查者：于顺利、牛美蓉、陈顾、杨峥、张渊媛、胡璐祎。

表 10 油松群落物种组成表

中文名	拉丁名	高度/cm	株数	盖度/%	生活型	物候期
油松	*Pinus tabulaeformis*	10 m	22	92	乔木	果期

无灌木层

草本层，小样方 10-1，面积：1 m×1 m						
地黄	*Rehmannia glutinosa*	7	46	95	草本	营养期
小蓟	*Cirsium arvense var. integrifolium*	10	1	1	草本	营养期
萝藦	*Cynanchum rostellatum*	9	1	1	草本	果期
茜草	*Rubia cordifolia*	7	1	1	草本	果期

草本层，小样方 10-2，面积：1 m×1 m						
茜草	*Rubia cordifolia*	12	22	22	草本	营养期
臭椿（幼苗）	*Ailanthus altissima*	52	2	7	木本	营养期
藜	*Chenopodium album*	39	1	4	草本	花期
狗尾草	*Setaria viridis*	17	2	1	草本	果期
蒲公英	*Taraxacum mongolicum*	8	1	1	草本	营养期
萝藦	*Cynanchum rostellatum*	13	1	2	草本	营养期
美洲商陆	*Phytolacca americana*	8	1	1	草本	营养期
桑（幼苗）	*Morus alba*	22	1	5	木本	营养期

草本层，小样方 10-3，面积：1 m×1 m						
夏至草	*Lagopsis supina*	6	6	4	草本	营养期
泥胡菜	*Hemistepta lyrata*	8	1	1	草本	营养期
止血马唐	*Digitaria ischaemum*	17	8	8	草本	果期
蒲公英	*Taraxacum mongolicum*	3	4	4	草本	营养期
藜	*Chenopodium album*	7	1	1	草本	果期

中文名	拉丁名	高度/cm	株数	盖度/%	生活型	物候期
附地菜	*Trigonotis peduncularis*	3	5	1	草本	果期
牛筋草	*Eleusine indica*	11	1	1	草本	果期

样方 11 针阔混交林群落

样方面积：20 m×20 m；层盖度：100%；地点：旺兴湖郊野公园；地理位置：39.813471°N，116.427857°E，海拔：20 m；坡向：平坡；坡度：0°；调查日期：2022 年 8 月 5 日下午，调查者：于顺利、牛美蓉、陈颀、杨峥、张渊媛、胡璐祎。

表 11 针阔混交林群落物种组成表

中文名	拉丁名	高度/cm	株数	盖度/%	生活型	物候期
碧桃	*Prunus persica* 'Duplex'	6 m	2	12	乔木	果期
白蜡树*	*Fraxinus chinensis*	18 m	1	7.5	乔木	果期
洋白蜡	*Fraxinus pennsylvanica*	25 m	2	15	乔木	果期
槐*	*Styphnolobium japonicum*	18 m	2	11	乔木	果后期
油松*	*Pinus tabulaeformis*	6 m	11	30	乔木	果期
刺槐*	*Robinia pseudoacacia*	14 m	7	17	乔木	果期
臭椿	*Ailanthus altissima*	14 m	5	12	乔木	果期
紫叶李	*Prunus cerasifera* f. *atropurpurea*	4 m	3	31	乔木	果期

无灌木层

草本层，小样方 11-1，面积：1 m×1 m

白花玉簪	*Hosta plantaginea*	29	8	90	草本	花期

中文名	拉丁名	高度 / cm	株数	盖度 / %	生活型	物候期
草本层，小样方 11-2，面积：1 m×1 m						
白花玉簪	*Hosta plantaginea*	43	12	87	草本	花期
藜	*Chenopodium album*	33	2	1	草本	果期
早开堇菜	*Trigonotis peduncularis*	8	1	1	草本	营养期
中华苦荬菜	*Ixeris chinensis*	3	1	1	草本	果期
草本层，小样方 11-3，面积：1 m×1 m						
龙葵	*Solanum nigrum*	31	1	2	草本	花期
茜草	*Rubia cordifolia*	12	1	1	草本	花期
止血马唐	*Digitaria ischaemum*	21	4	4	草本	花期
早开堇菜	*Trigonotis peduncularis*	6	2	1	草本	营养期
紫萼玉簪	*Hosta ventricosa*	11	2	2	草本	花期
草本层，小样方 11-4，面积：1 m×1 m						
早开堇菜	*Trigonotis peduncularis*	11	10	13	草本	营养期
酢浆草	*Oxalis corniculata*	11	12	12	草本	花期
狗尾草	*Setaria viridis*	18	1	1	草本	花期
草本层，小样方 11-5，面积：1 m×1 m						
紫萼玉簪	*Hosta ventricosa*	28	5	20	草本	花期
刺槐（幼苗）	*Robinia pseudoacacia*	38	1	1	木本	营养期

注：＊栽培种。

样方 12　阔叶混交林群落

样方面积：20 m×20 m；层盖度：42%，地点：南海子公园；地理位置：39.777581ºN，116.444312ºE，海拔：18 m，坡向：平坡；

坡度：0º；调查日期：2022 年 8 月 8 日下午，调查者：于顺利、牛美蓉、陈颀、杨峥、张渊媛、胡璐祎。

表 12　阔叶混交林群落物种组成表

中文名	拉丁名	高度 / cm	株数	盖度 / %	生活型	物候期
洋白蜡	*Fraxinus pennsylvanica*	7 m	11	31	乔木	果期
桑	*Morus alba*	6 m	2	11	乔木	果后期
无灌木层						
草本层，小样方 12-1，面积：1 m×1 m						
止血马唐	*Digitaria ischaemum*	19	72	72	草本	花期
白斑三叶草	*Trifolium repens*	11	13	13	草本	营养期
马齿苋	*Portulaca oleracea*	8	3	3	草本	花期
草本层，小样方 12-2，面积：1 m×1 m						
旋覆花	*Inula japonica*	13	64	52	草本	花期
止血马唐	*Digitaria ischaemum*	13	8	12	草本	花期
芥叶蒲公英	*Taraxacum brassicaefolium*	10	1	1	草本	营养期
中华苦荬菜	*Ixeris chinensis*	5	3	1	草本	果期
白斑三叶草	*Trifolium repens*	10	11	1	草本	营养期
打碗花	*Calystegia hederacea*	7	2	2	草本	花期
草本层，小样方 12-3，面积：1 m×1 m						
长芒稗	*Echinochloa caudata*	41	6	5	草本	花期
斑地锦	*Euphorbia maculata*	22	11	11	草本	花期
牛筋草	*Eleusine indica*	17	4	4	草本	花期

中文名	拉丁名	高度/cm	株数	盖度/%	生活型	物候期
具芒碎米莎草	*Cyperus microiria*	25	21	11	草本	花期
旋覆花	*Inula japonica*	7	8	8	草本	花期
桑（幼苗）	*Morus alba*	8	11	4	木本	营养期
铁苋菜	*Acalypha australis*	5	1	1	草本	花期
马齿苋	*Portulaca oleracea*	5	12	1	草本	花期
中华苦荬菜	*Ixeris chinensis*	6	23	4	草本	果期
朝天委陵菜	*Potentilla supina*	4	1	1	草本	花期
草本层，小样方 12-4，面积：1 m×1 m						
牛筋草	*Eleusine indica*	31	21	11	草本	花期
白斑三叶草	*Trifolium repens*	21	3	2	草本	营养期
中华苦荬菜	*Ixeris chinensis*	10	4	2	草本	果期
马齿苋	*Portulaca oleracea*	10	22	9	草本	花期
止血马唐	*Digitaria ischaemum*	15	15	20	草本	花期
草本层，小样方 12-5，面积：1 m×1 m						
具芒碎米莎草	*Cyperus microiria*	19	145	33	草本	花期
止血马唐	*Digitaria ischaemum*	24	24	24	草本	花期
旋覆花	*Inula japonica*	8	13	13	草本	花期
桑（幼苗）	*Morus alba*	11	3	3	木本	营养期
马齿苋	*Portulaca oleracea*	7	33	10	草本	花期
白斑三叶草	*Trifolium repens*	10	2	1	草本	营养期

样方 13　荒草群落

样方面积：1 m×1 m；层盖度：96%；地点：旧宫地铁站西，位置：39.806639ºN，116.454192ºE，海拔：25 m；坡向：平坡；坡度：0º；调查日期：2022 年 8 月 6 日，调查者：于顺利、牛美蓉、陈颀、杨峥、张渊媛、胡璐祎。

表 13　荒草群落物种组成表

中文名	拉丁名	高度/cm	株数	盖度/%	生活型	物候期
狗尾草	*Setaria viridis*	102	23	23	草本	花期
牛筋草	*Eleusine indica*	78	8	12	草本	花期
野大豆	*Glycine soja*	52	2	20	草本	花期
葎草	*Humulus scandens*	54	1	21	草本	花期
旋覆花	*Inula japonica*	63	6	6	草本	花期
止血马唐	*Digitaria ischaemum*	14	11	11	草本	花期
苍耳	*Xanthium strumarium*	48	1	3	草本	花期

样方 14　红瑞木灌丛群落

样方面积：5 m×5 m；层盖度：100%，地点：南海子公园；地理位置：39.778730ºN，116.444541ºE，海拔：15 m，坡向：平坡；坡度：0º；调查日期：2022 年 8 月 8 日下午，调查者：于顺利、牛美蓉、陈颀、杨峥、张渊媛、胡璐祎。

表 14 红瑞木灌丛物种组成表

中文名	拉丁名	高度/cm	株数	盖度/%	生活型	物候期
红瑞木*	*Cornus alba*	150	10	90	灌木	营养期
垂柳*	*Salix babylonica*	180	2	3	灌木	营养期
桑（幼苗）	*Morus alba*	150	3	4	木本	营养期
多裂翅果菊	*Pterocypsela laciniata*	130	4	2	草本	营养期
榆（幼苗）	*Ulmus pumila*	120	1	1	木本	营养期
黄花蒿	*Artemisia annua*	150	2	1	草本	花期
狗尾草	*Setaria viridis*	110	7	1	草本	花期
翅果菊	*Pterocypsela indica*	60	1	1	草本	营养期
黄香草木樨	*Melilotus officinalis*	90	4	2	草本	花期
茜草	*Rubia cordifolia*	110	4	1	草本	花期

注：* 栽培种。

样方 15 碧桃灌丛群落

样方面积：5 m×5 m；层盖度：55%；地点：旧宫地铁站东；地理位置：39.807533ºN，116.450834ºE，海拔：20 m；坡向：平坡；坡度：0º；调查日期：2022 年 8 月 9 日上午，调查者：于顺利、牛美蓉、陈颀、杨峥、张渊媛、胡璐祎。

表 15 碧桃灌丛物种组成表

中文名	拉丁名	高度/cm	株数	盖度/%	生活型	物候期
碧桃		3 m	17	98	灌木	果期
草本层，小样方 15-1，面积：1 m×1 m						
高羊茅	*Festuca elata*	13	18	32	草本	花期

中文名	拉丁名	高度/cm	株数	盖度/%	生活型	物候期
早开堇菜	*Trigonotis peduncularis*	9	7	3	草本	营养期
艾	*Artemisia argyi*	11	33	15	草本	营养期
止血马唐	*Digitaria ischaemum*	22	7	7	草本	花期
草本层，小样方 15-2，面积：1 m×1 m						
艾	*Artemisia argyi*	7	120	70	草本	营养期
地黄	*Rehmannia glutinosa*	6	1	1	草本	营养期
止血马唐	*Digitaria ischaemum*	19	9	9	草本	花期
草本层，小样方 15-3，面积：1 m×1 m						
早开堇菜	*Trigonotis peduncularis*	7	43	30	草本	营养期
止血马唐	*Digitaria ischaemum*	20	8	16	草本	花期
艾	*Artemisia argyi*	10	49	22	草本	营养期

样方 16　沙地柏群落

样方面积：5 m×5 m；层盖度：100%；地点：博大公园；地理位置：39.793303ºN，116.496775ºE，海拔：20 m；坡向：平坡；坡度：0º；调查日期：2022 年 8 月 12 日，调查者：于顺利、牛美蓉、陈颀、杨峥、张渊媛、胡璐祎。

表 16　沙地柏群落物种组成表

中文名	拉丁名	高度/cm	株数	盖度/%	生活型	物候期
沙地柏	*Juniperus sabina*	95	21	90	灌木	营养期
栾树（幼苗）	*Koelreuteria paniculata*	47	15	7	木本	营养期
草地早熟禾	*Poa pratensis*	89	6	2	草本	果期

中文名	拉丁名	高度 / cm	株数	盖度 / %	生活型	物候期
芒	*Miscanthus sinensis*	120	1	1	草本	营养期
白蜡树*	*Fraxinus chinensis*	42	5	1	草本	果期
金银木 （幼苗）	*Lonicera maackii*	45	1	1	木本	营养期
桃（幼苗）	*Amygdalus persica*	46	1	1	木本	营养期
杜仲 （幼苗）*	*Eucommia ulmoides*	63	1	1	木本	营养期

注：* 栽培种。

样方 17　月季群落

样方面积：5 m×5 m；层盖度：55%；地点：南海子公园；地理位置：39.774660ºN，116.471659ºE，海拔：20 m；坡向：平坡；坡度：0º；调查日期：2022 年 8 月 10 日，调查者：于顺利、牛美蓉、陈顾、杨峥、张渊媛、胡璐祎。

表 17　月季群落物种组成表

中文名	拉丁名	高度 / cm	株数	盖度 / %	生活型	物候期
月季*	*Rosa chinensis*	61 m	28	40	灌木	花期
多花蔷薇*	*Rosa multiflora*	70 m	10	10	灌木	花期
草本小样方 17-1，面积：1 m×1 m						
田旋花	*Convolvulus arvensis*	13	5	1	草本	花期
马齿苋	*Portulaca oleracea*	7	2	2	草本	花期
止血马唐	*Digitaria ischaemum*	8	2	2	草本	花期
刺儿菜	*Cirsium arvense* var. *integrifolium*	7	4	2	草本	花后期

中文名	拉丁名	高度/cm	株数	盖度/%	生活型	物候期
草本小样方 17-2，面积：1 m×1 m						
止血马唐	*Digitaria ischaemum*	5	4	4	草本	花期
打碗花	*Calystegia hederacea*	8	2	2	草本	花期
斑地锦	*Euphorbia maculata*	1	2	2	草本	花期
刺儿菜	*Cirsium arvense* var. *integrifolium*	7	3	1	草本	花后期
铁苋菜	*Acalypha australis*	23	1	1	草本	花期

注：＊栽培种。